中国地质大学(武汉)实验教学系列教材
中国地质大学(武汉)实验技术研究项目资助

模型制作实验指导书
MOXING ZHIZUO SHIYAN ZHIDAOSHU

陈晓鹏　李　翔　编著

中国地质大学出版社有限责任公司
ZHONGGUO DIZHI DAXUE CHUBANSHE YOUXIAN ZEREN GONGSI

图书在版编目(CIP)数据

模型制作实验指导书/陈晓鹂,李翔编著. —武汉:中国地质大学出版社有限责任公司,2011.12　2011.12(2014.1重印)

ISBN 978-7-5625-2765-7

Ⅰ.①模…
Ⅱ.①陈…②李…
Ⅲ.①工业产品-模型-制作-教材
Ⅳ.①TB476

中国版本图书馆 CIP 数据核字(2011)第 249771 号

模型制作实验指导书	陈晓鹂　李　翔　编著
责任编辑:徐润英	责任校对:戴　莹
出版发行:中国地质大学出版社有限责任公司(武汉市洪山区鲁磨路388号)	邮政编码:430074
电话:(027)67883511　　传真:67883580	E-mail:cbb@cug.edu.cn
经　销:全国新华书店	http://www.cugp.cn
开本:787毫米×1 092毫米 1/16	字数:280千字　印张:10.75
版次:2011年12月第1版	印次:2014年1月第2次印刷
印刷:武汉市教文印刷厂	印数:1001—2000册
ISBN 978-7-5625-2765-7	定价:28.00元

如有印装质量问题请与印刷厂联系调换

前　言

《模型制作实验指导书》是"中国地质大学(武汉)实验教学系列教材"之一,主要适用于工业设计、展示设计等相关专业本科学生,或从事设计教育与设计实践的人员。工业设计专业是一门新兴的交叉学科,注重艺术与科学、感性与理性、思维与实践相结合。学习工业设计绝不是纸上谈兵,需要将良好的创意与具体的材料、工艺、技术等结合在一起,才能实现真正的产品设计。

为适合工业设计专业人才的培养目标,本书在编写思路上重点突出以下几个方面:

一是注重知识的适用性和全面性。一方面,从工业设计专业的角度对产品模型制作的材料、工艺方法、用途等进行了详细的介绍,深入浅出,通俗易懂,利用大量图片、数据、案例加强读者对专业知识的形象化认识和系统掌握。另一方面,从第二章到第七章对工业设计模型的种类及相关知识进行了详细讲解,全面真实,便于读者查阅。

二是注重实践性。对各种模型制作知识的介绍充分以实践为基础,尽量提供准确的说明及精确的数据,每章都通过具体设计案例分析或优秀作品展示来加强读者对模型制作知识的掌握。

三是注重对课程实践教学的适用性。本实验指导书的内容以适合工业设计模型制作课程实验教学为目标,在基本理论知识基础之上,重点介绍各类模型的制作工艺、方法及流程。工业设计专业课程中的形态练习及模型制作实践环节都可以本书来指导进行,可结合本书中的练习在实验室完成教学,学生通过动手,在实践中掌握知识。

本实验指导书第一、四、六、七章由陈晓鹂编写,第二、三、五章由李翔编写。赵媛老师、华伟佳、陈晓北、叶几、王鹏、张贤等同学为本书的出版做了大量工作,在此表示感谢。

限于笔者学识,书中错误及欠妥之处在所难免,敬请学者同仁和广大读者批评指正。

编　者

2011 年 10 月 5 日

目 录

第一章 绪 论 …………………………………………………………………… (1)
  1.1 模型制作的意义 ……………………………………………………… (1)
  1.2 模型的分类 …………………………………………………………… (1)
  1.3 模型制作的材料 ……………………………………………………… (2)
  1.4 模型制作的原则 ……………………………………………………… (3)

第二章 纸质模型的制作 ………………………………………………………… (5)
  2.1 纸质模型概述 ………………………………………………………… (5)
    2.1.1 了解纸模型 …………………………………………………… (7)
    2.1.2 纸质模型的加工工具 ………………………………………… (11)
  2.2 纸质模型的创作 ……………………………………………………… (12)
    2.2.1 常见塑形加工方法 …………………………………………… (12)
    2.2.2 常见表面加工方法 …………………………………………… (18)
    2.2.3 纸质模型的后期处理 ………………………………………… (20)
  2.3 纸质模型案例 ………………………………………………………… (20)

第三章 石膏模型的制作 ………………………………………………………… (23)
  3.1 石膏模型制作概述 …………………………………………………… (23)
    3.1.1 石膏的成型特性 ……………………………………………… (23)
    3.1.2 学习石膏模型制作的目的 …………………………………… (24)
    3.1.3 制作石膏模型所需的材料、常用设备及工具 ……………… (24)
  3.2 石膏模型的制作 ……………………………………………………… (27)
    3.2.1 石膏的调制方法 ……………………………………………… (27)
    3.2.2 石膏的成型技法 ……………………………………………… (28)
  3.3 石膏模型的表面修饰 ………………………………………………… (39)
  3.4 石膏模型的制作图集 ………………………………………………… (39)
  3.5 优秀石膏作品展示 …………………………………………………… (44)

第四章 黏土模型的制作 ………………………………………………………… (46)
  4.1 黏土模型概述 ………………………………………………………… (46)
    4.1.1 了解黏土 ……………………………………………………… (46)
    4.1.2 学习制作黏土模型的目的 …………………………………… (47)
    4.1.3 黏土模型制作的设备和工具 ………………………………… (47)
  4.2 陶艺创作的三要素 …………………………………………………… (51)

4.2.1　造型 ……………………………………………………………………… (51)
　　4.2.2　肌理表面处理 ………………………………………………………… (60)
　　4.2.3　色釉 …………………………………………………………………… (61)

第五章　塑料模型的制作 …………………………………………………… (63)
　5.1　塑料模型制作概述 …………………………………………………………… (63)
　　5.1.1　塑料的成型特性 ………………………………………………………… (63)
　　5.1.2　学习塑料模型制作的目的 ……………………………………………… (64)
　　5.1.3　制作塑料模型所需的材料、常用设备及工具 ………………………… (65)
　5.2　抽纸筒的设计与制作 ………………………………………………………… (68)
　　5.2.1　课题的设定 ……………………………………………………………… (68)
　　5.2.2　设计构想的定案 ………………………………………………………… (68)
　　5.2.3　定制阴、阳模 …………………………………………………………… (70)
　　5.2.4　压制与制作 ……………………………………………………………… (82)
　　5.2.5　塑料模型的后期处理 …………………………………………………… (86)
　5.3　塑料模型中的注意事项 ……………………………………………………… (89)
　　5.3.1　常用设备使用的注意事项 ……………………………………………… (89)
　　5.3.2　加工过程中的注意事项 ………………………………………………… (91)
　5.4　制作过程图集 ………………………………………………………………… (91)
　5.5　塑料模型优秀作品展示 ……………………………………………………… (95)

第六章　油泥模型的制作 …………………………………………………… (101)
　6.1　油泥模型制作概述 …………………………………………………………… (101)
　　6.1.1　油泥的成型特性 ………………………………………………………… (101)
　　6.1.2　学习油泥模型制作的目的 ……………………………………………… (101)
　　6.1.3　制作油泥模型的材料、常用设备及工具 ……………………………… (102)
　6.2　油泥模型制作的准备阶段 …………………………………………………… (106)
　　6.2.1　课题的设定 ……………………………………………………………… (106)
　　6.2.2　设计构想的定案 ………………………………………………………… (106)
　　6.2.3　定制模型模板 …………………………………………………………… (107)
　　6.2.4　定制模型底座和内芯 …………………………………………………… (110)
　6.3　汽车油泥模型的制作 ………………………………………………………… (114)
　　6.3.1　敷油泥阶段 ……………………………………………………………… (114)
　　6.3.2　刮模阶段 ………………………………………………………………… (115)
　　6.3.3　模型表面检验 …………………………………………………………… (123)
　6.4　油泥表面装饰 ………………………………………………………………… (125)
　6.5　优秀作品展示 ………………………………………………………………… (127)

第七章　展示模型的设计与制作 …………………………………………… (134)
　7.1　展示模型制作概述 …………………………………………………………… (134)
　　7.1.1　展示模型制作的意义 …………………………………………………… (134)
　　7.1.2　学习展示模型制作的目的 ……………………………………………… (134)

  7.1.3 展示模型的分类 ……………………………………………………………(135)
 7.2 展示模型的制作 ………………………………………………………………(138)
  7.2.1 制作塑料模型所需的材料、常用设备及工具…………………………(138)
  7.2.2 展示模型的制作流程概述 ……………………………………………(142)
  7.2.3 模型制作的具体操作 …………………………………………………(144)
 7.3 案例评述 ………………………………………………………………………(145)
  7.3.1 专题性展示设计案例(1)………………………………………………(145)
  7.3.2 专题性展示设计案例(2)………………………………………………(152)
 7.4 优秀模型展示 …………………………………………………………………(159)

参考文献………………………………………………………………………………(163)

第一章 绪 论

　　模型制作的目的,不是为了得到一个最终的模型,而是为了体会到蕴涵在模型制作过程中的设计因素,不仅仅是在进行产品形态的塑造,也是对产品结构的设计进行思考和产品模具的制造工艺进行探索。

1.1 模型制作的意义

　　(1)沟通的载体。模型是设计理念、设计意图的具体表达,相对于传统的二维表现方式而言,这种三维空间的仿真实体能够取得更真实、更直观的表达效果,也正是基于这一点,我们在日常生活中就能接触到各种不同的模型,比如购买房屋时在售楼部通过建筑模型选房,在购买手机时通过产品展示模型感受操控,进入某工业开发区时通过沙盘了解园区等,可见,"模型"已经成为设计师、用户与制作方三者沟通的载体。

　　(2)改进的工具。模型的目的、要求不同,其制作的阶段就会略有差异,比如构思草模往往与构思草图同时开展,其目的在于帮助设计师构思草图和启发创意,而制作仿真模型的阶段大多情况下是发生在设计定案与结构研发之间,也就是设计的平面效果图已经定案,设计的大方向已经确定以后,而具体结构设计、模具设计等还未开始真正投入之前,之所以选择这个中间阶段,关键在于模型是非常有价值的检验工具。通过模型可以检验形态的合理性、面与面之间的匹配关系,比如手柄是否符合手型、操作过程是否流畅等各类与人发生关联的因素,毕竟,平面效果图对于造型、色彩和质感的表现都存在局限性,且在二维向三维转化的过程中常常还存在错视的问题,而制作三维模型可以在很大程度上弥补这种不足,其检验的成果也都帮助设计师获得有效的改进依据。

　　(3)市场的试金石。任何产品经历从设计构思、定案、结构设计、模具设计、批量化生产、市场营销等整个市场化过程,都需要投入很大的财力和人力,开发过程中任何一个环节出现问题,导致产品部件存在的不合理就有可能给企业造成巨大的损失,而样机模型就是在批量化生产之前作为市场的试金石,通过实验人员试用产品获得确切的反馈意见和信息,可以更大程度上保证产品的合理存在,避免产品出现重大的、影响产品市场效应的错误。

1.2 模型的分类

　　模型分类的方法会因为看待模型角度的差别而有所不同。从具体设计领域的区别而看待模型,可将其分为环境模型、展示模型、产品模型等,而从制作模型的目的又可将其分为概念模型、研究辅助模型、外观仿真模型、展示剖析模型和样机。

　　(1)概念模型。也称为草模,概念模型承载着设计师对设计对象的大致形态关系、大致比例关系、大致表面关系的处理和想象。概念模型可以有效地帮助设计师加深对设计对象的认识，为进一步构思、完善设计方案打下良好的基础，因此，概念模型也可以被认为是设计师展开设计的工具。也正是因为这个目的，概念模型的存在不是固定不变的，也不是供展示所用的，且制作的材料要求是易成型、易加工的材料，比如纸、泥、泡沫等。

(2)研究辅助模型。这类模型大多不是整齐模型，以局部模型多见，根据研究目的的不同，制作对象各不一样。比如以结构研究为目的的模型，设计师借助此类模型揣测结构连接方式、结构连接的空间关系等，其目的在于优化结构关系，制作的重点在设计对象的连接处；再如人机模型，制作此类模型的目的在于深刻了解操作方式、操作界面、操作环境综合因素等，以突出产品的人机关系。可见，研究辅助模型本身亦存在差别。

(3)外观仿真模型。在完全投产之前，制作外观仿真模型是必不可少的一步，从外观仿真模型中，可以预见最终产品的整体造型、尺寸大小、材质肌理、色彩、结构关系、操作使用方式，这在某种程度上就注定了外观仿真模型的制作要求很高，不仅要体现出真实感、美感，还要达到一定人机交互的要求。我们经常看到的新产品海报、宣传册、发布会上的产品，很多都是通过数字化机床小批量生产出的样机。

(4)展示剖析模型。生活中购买电器、汽车等商品时经常会在展示柜台看到一些"奇怪"的模型，通过向销售人员了解以后方能获悉该模型到底在说明何种问题，比如，购买热水器时看到的展示剖析模型很多是为了向消费者说明该品牌采用了怎样特殊的工艺，能够达到怎样的隔热等要求或更方便的使用；再如购买汽车时看到汽车引擎的展示剖析模型是为了向汽车用户说明汽车具备怎样的工艺和性能。诸如此类的模型即称之为展示剖析模型，用于推广产品对象的高、精、尖技术，提升企业的品牌价值。

(5)样机。样机是整个产品开发的成果，不仅表达产品设计师对形态、人机、色彩、材质肌理的艺术表现，还体现了结构设计师、研发设计人员对功能结构、内在性能、涂装工艺、科技专利等多项因素的把握与控制，代表着企业产品的现在和发展的未来。样机需要完全符合产品生产技术和工艺的要求，可以真正投入使用，所以，样机的制作通常需要花费很长时间和投入很大财力，解决很多现实困难。

1.3 模型制作的材料

要做出好的模型，首先需要有好的创意，没有实际意义的设计即使投入再多的劳动也是徒劳，所以，制作之前设计师首先要对自己的创作有高的要求，其次制作者需要非常了解模型材料的性能，制作模型的材料有很多，每一种材料都有自己的成型特点，制作者应该因地制宜，合理地选择适用材料，再结合良好的手工技法，方能制作出理想模型。

(1)纸质模型。用纸来制作模型的这种造型方式可以追溯到包豪斯时期，现代设计教育中的立体构成就是在使用纸来帮助学生探索形体关系，在今天的绿色设计方向里，很多十分优秀的设计师也在挖掘"纸"这种绿色环保材料的巨大潜能，用于制作各类家具、灯具、日用品等。

我们在模型制作课中也引入了纸质材质，帮助设计师挖掘形态关系，提高造型能力。市面上可供选择的纸的种类十分繁多，其物理属性的差异巨大，体现在强度差异、肌理差异、色彩差异等，这种差异给设计师提供了巨大的创作空间。但是所有的纸都有一个共性，即在制作阶段无法如油泥一般重复使用。

第一章 绪 论

模型制作的目的,不是为了得到一个最终的模型,而是为了体会到蕴涵在模型制作过程中的设计因素,不仅仅是在进行产品形态的塑造,也是对产品结构的设计进行思考和产品模具的制造工艺进行探索。

1.1 模型制作的意义

(1)沟通的载体。模型是设计理念、设计意图的具体表达,相对于传统的二维表现方式而言,这种三维空间的仿真实体能够取得更真实、更直观的表达效果,也正是基于这一点,我们在日常生活中就能接触到各种不同的模型,比如购买房屋时在售楼部通过建筑模型选房,在购买手机时通过产品展示模型感受操控,进入某工业开发区时通过沙盘了解园区等,可见,"模型"已经成为设计师、用户与制作方三者沟通的载体。

(2)改进的工具。模型的目的、要求不同,其制作的阶段就会略有差异,比如构思草模往往与构思草图同时开展,其目的在于帮助设计师构思草图和启发创意,而制作仿真模型的阶段大多情况下是发生在设计定案与结构研发之间,也就是设计的平面效果图已经定案,设计的大方向已经确定以后,而具体结构设计、模具设计等还未开始真正投入之前,之所以选择这个中间阶段,关键在于模型是非常有价值的检验工具。通过模型可以检验形态的合理性、面与面之间的匹配关系,比如手柄是否符合手型、操作过程是否流畅等各类与人发生关联的因素,毕竟,平面效果图对于造型、色彩和质感的表现都存在局限性,且在二维向三维转化的过程中常常还存在错视的问题,而制作三维模型可以在很大程度上弥补这种不足,其检验的成果也都帮助设计师获得有效的改进依据。

(3)市场的试金石。任何产品经历从设计构思、定案、结构设计、模具设计、批量化生产、市场营销等整个市场化过程,都需要投入很大的财力和人力,开发过程中任何一个环节出现问题,导致产品部件存在的不合理就有可能给企业造成巨大的损失,而样机模型就是在批量化生产之前作为市场的试金石,通过实验人员试用产品获得确切的反馈意见和信息,可以更大程度上保证产品的合理存在,避免产品出现重大的、影响产品市场效应的错误。

1.2 模型的分类

模型分类的方法会因为看待模型角度的差别而有所不同。从具体设计领域的区别而看待模型,可将其分为环境模型、展示模型、产品模型等,而从制作模型的目的又可将其分为概念模型、研究辅助模型、外观仿真模型、展示剖析模型和样机。

(1)概念模型。也称为草模,概念模型承载着设计师对设计对象的大致形态关系、大致比例关系、大致表面关系的处理和想象。概念模型可以有效地帮助设计师加深对设计对象的认识,为进一步构思、完善设计方案打下良好的基础,因此,概念模型也可以被认为是设计师展开设计的工具。也正是因为这个目的,概念模型的存在不是固定不变的,也不是供展示所用的,且制作的材料要求是易成型、易加工的材料,比如纸、泥、泡沫等。

(2)研究辅助模型。这类模型大多不是整齐模型,以局部模型多见,根据研究目的的不同,制作对象各不一样。比如以结构研究为目的的模型,设计师借助此类模型揣测结构连接方式、结构连接的空间关系等,其目的在于优化结构关系,制作的重点在设计对象的连接处;再如人机模型,制作此类模型的目的在于深刻了解操作方式、操作界面、操作环境综合因素等,以突出产品的人机关系。可见,研究辅助模型本身亦存在差别。

(3)外观仿真模型。在完全投产之前,制作外观仿真模型是必不可少的一步,从外观仿真模型中,可以预见最终产品的整体造型、尺寸大小、材质肌理、色彩、结构关系、操作使用方式,这在某种程度上就注定了外观仿真模型的制作要求很高,不仅要体现出真实感、美感,还要达到一定人机交互的要求。我们经常看到的新产品海报、宣传册、发布会上的产品,很多都是通过数字化机床小批量生产出的样机。

(4)展示剖析模型。生活中购买电器、汽车等商品时经常会在展示柜台看到一些"奇怪"的模型,通过向销售人员了解以后方能获悉该模型到底在说明何种问题,比如,购买热水器时看到的展示剖析模型很多是为了向消费者说明该品牌采用了怎样特殊的工艺,能够达到怎样的隔热等要求或更方便的使用;再如购买汽车时看到汽车引擎的展示剖析模型是为了向汽车用户说明汽车具备怎样的工艺和性能。诸如此类的模型即称之为展示剖析模型,用于推广产品对象的高、精、尖技术,提升企业的品牌价值。

(5)样机。样机是整个产品开发的成果,不仅表达产品设计师对形态、人机、色彩、材质肌理的艺术表现,还体现了结构设计师、研发设计人员对功能结构、内在性能、涂装工艺、科技专利等多项因素的把握与控制,代表着企业产品的现在和发展的未来。样机需要完全符合产品生产技术和工艺的要求,可以真正投入使用,所以,样机的制作通常需要花费很长时间和投入很大财力,解决很多现实困难。

1.3 模型制作的材料

要做出好的模型,首先需要有好的创意,没有实际意义的设计即使投入再多的劳动也是徒劳,所以,制作之前设计师首先要对自己的创作有高的要求,其次制作者需要非常了解模型材料的性能,制作模型的材料有很多,每一种材料都有自己的成型特点,制作者应该因地制宜,合理地选择适用材料,再结合良好的手工技法,方能制作出理想模型。

(1)纸质模型。用纸来制作模型的这种造型方式可以追溯到包豪斯时期,现代设计教育中的立体构成就是在使用纸来帮助学生探索形体关系,在今天的绿色设计方向里,很多十分优秀的设计师也在挖掘"纸"这种绿色环保材料的巨大潜能,用于制作各类家具、灯具、日用品等。

我们在模型制作课中也引入了纸质材质,帮助设计师挖掘形态关系,提高造型能力。市面上可供选择的纸的种类十分繁多,其物理属性的差异巨大,体现在强度差异、肌理差异、色彩差异等,这种差异给设计师提供了巨大的创作空间。但是所有的纸都有一个共性,即在制作阶段无法如油泥一般重复使用。

(2)黏土模型。黏土相对于油泥来说可塑性略差,但是黏土取材更容易,价格也低廉,采用黏土加工模型非常方便,加减型材都十分方便,可随时进行修改。但是黏土无法完成大曲面的制作,更适合制作小体量模型,此外,黏土十分容易干裂,一旦黏土干裂,模型即会收缩变形,导致表面龟裂,制作者需要注意保持黏土模型的湿度。

(3)石膏模型。石膏在现实生活中应用广泛,比如,用作干燥剂,在室内装饰中可用于制作背景墙、顶部装饰、墙体装饰等。这些都体现了石膏这种材质的三大属性:一是吸水性强;二是易成型;三是不易变形。我们在模型制作中通过对石膏块体进行刻画、分割、刮擦等多种方式就能实现对形体的塑造,但是固化的石膏强度不是很大,制作太大或者太复杂的形体不太适宜,而且石膏很重,不能摔碰,保存时要尤为注意。

(4)油泥模型。油泥是典型的专业模型材料,可塑性极佳,能够获得很精准的加工效果,特别适合曲面塑性,所以,现实工业生产中,很多交通工具,比如汽车、轮船、飞机等都常采用该材料制作模型。在汽车企业中,甚至还制作1:1的油泥模型来探讨尺寸问题,这也充分说明油泥模型可以达到十分精准的成型效果。但是油泥本身较重,一般都需要使用其他材料做支撑,且油泥本身很难着色,需要其他工艺或材料的辅助方能达到满意的表面效果。

(5)塑料模型。塑料是工业生产的重要材料,分类十分繁多,而制作模型一般使用造价比较便宜的 ABS 塑料、PVC 塑料和发泡塑料。塑料的表面十分光滑,通过喷漆易着色。塑料的缺点是成本高,加工过程复杂,对制作者的制作水平要求较高,制作耗时,一般用于制作外观效果要求较高的展示模型。

1.4 模型制作的原则

(1)学会制图与看图。在没有对制作图纸充分论证的情况下,制作者就草草开始模型制作是很不好的习惯,很容易出现返工或材料的浪费。在制作构思草模时,模型和图纸都是辅助设计的方式,图纸是设计师的语言,通过绘制大量草图可以帮助设计师拓宽思路,找到设计的方向,而制作概念模型可以更清楚、更直观地表达出二维图纸无法表达出的内容,可以让设计论证得更充分。而制作外观仿真模型或样机模型时,图纸就不仅仅只是草图,制作者还需要绘制并复印多份精准的多视图、局部细节放大图,通过这些图纸来规范模型的形态、尺寸、构成关系等,为了保证制作出来的模型完全符合最初的构想,在制作中,就需要做到有图可依、有图可参。

(2)选择合适的造型材料。很多时候,制作者花费大量精力制作的模型却达不到理想的效果,比如制作的车模开裂了、展示模型构架无法稳固、压制的边缘出现了不规则的唇边等,除了加工技法、设备条件的问题以外,加工材料的不合理选择是常见错误之一。通常而言,模型制作要经过塑造、翻模、成型、修整、打磨、抛光、贴膜或喷漆多个阶段,如果造型材料无法完成其中必需的步骤,就可能导致最后成型效果的偏差。制作者要做到正确地选择材料,首先应该充分了解各种材料的性能、材料加工成型的工艺技术;其次,制作过程中要保持耐心,反复试验,挖掘材料成型的可能性,尽量做到能够预期整个加工过程。

(3)体现空间艺术感。模型制作将设计对象从二维图形转化成三维形体,不仅要体现设计师的巧妙构思和艺术表达,还需要制作者的空间想象和意念。我们生活中消费的设计作品,比如产品、室内空间、雕塑、展示等都是以三维空间状态而存在,可见,人们更习惯、更愿意接受空间形态。要体现出模型的空间艺术感,设计师的设计能力固然是最重要的,而了解平面形象和立体形象的相互关系和转换规律亦必不可少,这也意味着在模型制作中更强调各个面的观察、理解、想象和表达来更恰当地体现模型的空间艺术感。

(4)追求细节表现和色彩、肌理。就如一个真实产品一样,一个好的模型一样需要强调细节处理。事实上,模型的细节非常繁多。一是合理的尺寸,模型制作的目的之一就是让产品更好地为人服务,如果一个模型的中心尺寸和功能构件失之偏颇,模型就失去了讨论人机关系的依据,也就达不到服务于人的目的;二是合理的分模线,在模型制作中,很多制作者都忽视了分模线的问题,认为在后期结构设计中再考虑即可,但实际上,分模线对模型外观的影响是不容忽视的。为了让模型更真实,分模线的位置最好在模型制作中就能考虑好并表达出来;三是色彩和肌理,肌理是产品外观的重要表现元素,从模型制作一开始就必须以最终的设计效果为目标进行选择,肌理和色彩很多时候是不能分开的元素,模型制作者需抛掉个人的喜好,关注于待开发的产品本身,选择既美观又能更节省开发费用的材质。

(2) 黏土模型。黏土相对于油泥来说可塑性略差,但是黏土取材更容易,价格也低廉,采用黏土加工模型非常方便,加减型材都十分方便,可随时进行修改。但是黏土无法完成大曲面的制作,更适合制作小体量模型,此外,黏土十分容易干裂,一旦黏土干裂,模型即会收缩变形,导致表面龟裂,制作者需要注意保持黏土模型的湿度。

(3) 石膏模型。石膏在现实生活中应用广泛,比如,用作干燥剂,在室内装饰中可用于制作背景墙、顶部装饰、墙体装饰等。这些都体现了石膏这种材质的三大属性:一是吸水性强;二是易成型;三是不易变形。我们在模型制作中通过对石膏块体进行刻画、分割、刮擦等多种方式就能实现对形体的塑造,但是固化的石膏强度不是很大,制作太大或者太过复杂的形体不太适宜,而且石膏很重,不能摔碰,保存时要尤为注意。

(4) 油泥模型。油泥是典型的专业模型材料,可塑性极佳,能够获得很精准的加工效果,特别适合曲面塑性,所以,现实工业生产中,很多交通工具,比如汽车、轮船、飞机等都常采用该材料制作模型。在汽车企业中,甚至还制作1∶1的油泥模型来探讨尺寸问题,这也充分说明油泥模型可以达到十分精准的成型效果。但是油泥本身较重,一般都需要使用其他材料做支撑,且油泥本身很难着色,需要其他工艺或材料的辅助方能达到满意的表面效果。

(5) 塑料模型。塑料是工业生产的重要材料,分类十分繁多,而制作模型一般使用造价比较便宜的 ABS 塑料、PVC 塑料和发泡塑料。塑料的表面十分光滑,通过喷漆易着色。塑料的缺点是成本高,加工过程复杂,对制作者的制作水平要求较高,制作耗时,一般用于制作外观效果要求较高的展示模型。

1.4 模型制作的原则

(1) 学会制图与看图。在没有对制作图纸充分论证的情况下,制作者就草草开始模型制作是很不好的习惯,很容易出现返工或材料的浪费。在制作构思草模时,模型和图纸都是辅助设计的方式,图纸是设计师的语言,通过绘制大量草图可以帮助设计师拓宽思路,找到设计的方向,而制作概念模型可以更清楚、更直观地表达出二维图纸无法表达出的内容,可以让设计论证得更充分。而制作外观仿真模型或样机模型时,图纸就不仅仅只是草图,制作者还需要绘制并复印多份精准的多视图、局部细节放大图,通过这些图纸来规范模型的形态、尺寸、构成关系等,为了保证制作出来的模型完全符合最初的构想,在制作中,就需要做到有图可依、有图可参。

(2) 选择合适的造型材料。很多时候,制作者花费大量精力制作的模型却达不到理想的效果,比如制作的车模开裂了、展示模型构架无法稳固、压制的边缘出现了不规则的唇边等,除了加工技法、设备条件的问题以外,加工材料的不合理选择是常见错误之一。通常而言,模型制作要经过塑造、翻模、成型、修整、打磨、抛光、贴膜或喷漆多个阶段,如果造型材料无法完成其中必需的步骤,就可能导致最后成型效果的偏差。制作者要做到正确地选择材料,首先应该充分了解各种材料的性能、材料加工成型的工艺技术;其次,制作过程中要保持耐心,反复试验,挖掘材料成型的可能性,尽量做到能够预期整个加工过程。

(3) 体现空间艺术感。模型制作将设计对象从二维图形转化成三维形体,不仅要体现设计师的巧妙构思和艺术表达,还需要制作者的空间想象和意念。我们生活中消费的设计作品,比如产品、室内空间、雕塑、展示等都是以三维空间状态而存在,可见,人们更习惯、更愿意接受空间形态。要体现出模型的空间艺术感,设计师的设计能力固然是最重要的,而了解平面形象和立体形象的相互关系和转换规律亦必不可少,这也意味着在模型制作中更强调各个面的观察、理解、想象和表达来更恰当地体现模型的空间艺术感。

（4）追求细节表现和色彩、肌理。就如一个真实产品一样,一个好的模型一样需要强调细节处理。事实上,模型的细节非常繁多。一是合理的尺寸,模型制作的目的之一就是让产品更好地为人服务,如果一个模型的中心尺寸和功能构件失之偏颇,模型就失去了讨论人机关系的依据,也就达不到服务于人的目的;二是合理的分模线,在模型制作中,很多制作者都忽视了分模线的问题,认为在后期结构设计中再考虑即可,但实际上,分模线对模型外观的影响是不容忽视的。为了让模型更真实,分模线的位置最好在模型制作中就能考虑好并表达出来;三是色彩和肌理,肌理是产品外观的重要表现元素,从模型制作一开始就必须以最终的设计效果为目标进行选择,肌理和色彩很多时候是不能分开的元素,模型制作者需抛掉个人的喜好,关注于待开发的产品本身,选择既美观又能更节省开发费用的材质。

第二章　纸质模型的制作

2.1　纸质模型概述

我国是应用"纸"历史最悠久的国家之一。除了常用于书写、印刷的纸品以外,还拥有一些非常独特且历史悠久的纸品应用领域,比如将"纸"应用于生活领域的纸伞、纸扇、纸盒,还有代表民族特色艺术领域的纸艺。如今,纸的应用范围更是得到了进一步的扩展,比如各类纸质包装、种类繁多的壁纸、纸板家具、甚至服装[图2-1(a)～(i)]等,可见,一直以来,我们对纸制品的创作从未停止过。

(a)　　　　　　　　　　　　(b)

(c)　　　　　(d)　　　　　(e)

图 2-1 各类纸制品

图 2-2 印刷用纸

随着造纸技术的发展,纸的类型日益丰富,所呈现出来的效果也更加异彩纷呈。根据纸的用途,通常可分为三种类型:一是印刷用纸(图 2-2),比如书籍、报纸、相片用纸等;二是包装用纸(图 2-3),如白板纸、瓦楞纸、牛皮纸等;三是特种用纸(图 2-4),比如壁纸、过滤纸、试纸等。不同的纸物理性质的差别很大,比如有的纸很柔软,有的则较强硬,有的很通透,而有的却十分密实。也正是因为这些差异的存在,为我们的纸质模型的创作提供了更多的可能性。事实上,设计师还可以跨越纸质本身的性质,利用特定的加工手段来改变纸质的存在状态,从而获得特定的造型效果,比如拼接剪裁、浸水、搓揉等,在后面的章节中将会对这类问题进行更详细的阐述。

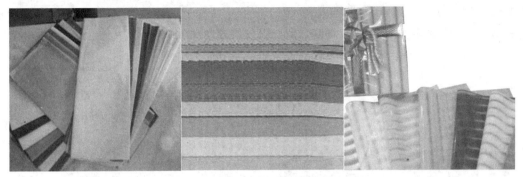

图 2-3 包装用纸

图 2-4 特种用纸

2.1.1 了解纸模型

在关注纸模型之前,先要了解"纸"的一些通性。一是可塑性。纸的可塑性非常强,也正是因为这个性质,日常生活中我们才能有效地利用纸质。纸可以弯曲、粘连、折合、组装等,但是它不同于油泥、黏土,纸的可塑性是单向性的,如折皱了的纸不能完全抚平,所以,在对纸加工之前一定要目的明确。二是纸的强度差异很大。虽然绝大部分纸都是基于木材、竹材、植物纤维这样的材料,但是由于加工方式的差异,导致不同类型纸的强度差别很大,比如有用于防震的硬纸板,也有用于擦拭的柔软纸巾。所以,设计师在创作过程中要关注纸的强度,不同情况选用不同类型的纸,也可以将不同的纸组合起来使用,以应对更复杂的应用环境。三是纸的环保性。纸是典型的可循环再利用的材料,纸质模型制作中,在保持模型制作能够顺利开展的前提下,制作者尽量不要用异物污染纸张、遗弃纸张,并收集好遗弃纸张以循环再利用。

纸质模型制作中常使用的纸的类型有近十种,每一种类型的纸质其物理性质都不同,所以其主要的使用目的也各不相同。

(1)波纹纸(图2-5)。由于波纹纸的表面不精整、较疏松,所以制作精细规整的纸质模型很难获得好的视觉效果,波纹纸更适合制作大型结构粗坯模型,以便快速有效地体现模型的大体形态、比例均衡和结构关系。除此以外,由于波纹纸特殊的肌理效果,设计师还可以考虑这个特殊性,利用这种特殊的肌理表面设计出特殊效果的制品(图2-6)。

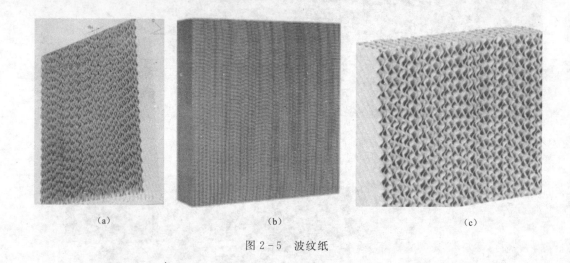

图2-5 波纹纸

  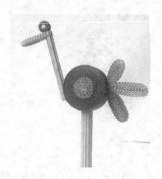

图2-6 波纹纸制品

(2)硬纸板(图2-7)。硬纸板的强度较大,是模型制作学习中承重的良好材料,可以通过穿插、粘贴等多种方式塑造不同的结构关系,以此来不断加强整个纸质模型的强度。同时,由于这类纸刀切后会产生不平整的断面(图2-8),所以在断面处粘连面几乎不太可能,如果要获得光滑平整的视觉效果,硬纸板的断面暴露就很不合适,需要将其遮住。

(3)卡纸(图2-9)。卡纸的规格很多,厚度也不一样,常见的有黑、白、灰三色。白卡纸的背面为灰色,两面质感完全不同,不仅有亮光、哑光之分,其纸质的细腻程度差别也很大。卡纸质地较为柔软,有一定的强度,常用于制作各种纸盒(图2-10),且三种颜色的适用性都很好,是制作中型尺寸纸结构模型非常好的材料之一。

(4)照相纸。尤其适用于外表光洁度较高的纸模型以及各种表面的装饰。由于照相纸的

第二章 纸质模型的制作

(a)

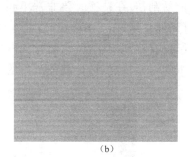
(b)

图2-7 硬纸板

(a) (b) (c)

图2-8 硬纸板断面

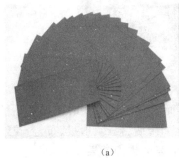
(a)

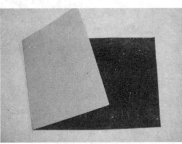
(b)

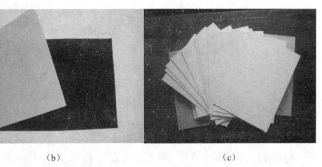
(c)

图2-9 卡纸

(a)

(b)

(c)

图2-10 卡纸制品

表面极易刮伤,在粘连时要非常小心,不要用挥发性很强的胶液,以避免胶液对纸的腐蚀。

(5)拷贝纸(图2-11)。通常在设计构成作业中使用拷贝纸构图,而在纸质模型制作中,拷贝纸也有特别的用途,它柔软、轻薄、感光且呈现出半透明的通透视觉效果,制作者可以利用拷贝纸的这些特点,结合其他纸质的色彩、花纹形成特有的视觉美感(图2-12)。

图2-11 拷贝纸

图2-12 拷贝纸制品

(6)贴纸和色纸(图2-13)。贴纸和色纸几乎不用于塑形,而主要起到美化的作用。贴纸的种类十分繁多,模拟了现实生活中常见的各种材质和肌理,比如砖墙、瓷砖、地板、布艺、花纹等,制作者可以通过拼接、对比、组合等各种方式利用贴纸营造需要的表面效果。

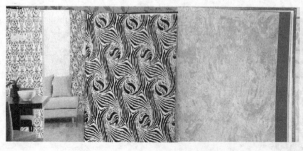
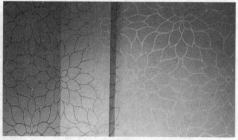

图2-13 贴纸

2.1.2 纸质模型的加工工具

虽然纸质模型的适用范围不是很大,但是纸质本身是极易加工的材料,其加工工具十分常见,且使用起来也十分方便,通过制作纸质模型可以很好地帮助制作者认识形与面的关系,提高造型和立体表达的能力,所以纸质模型的制作在设计教学中地位十分重要。

(1)刀具类(图 2-14)。可伸缩的美工刀和勾刀是纸质模型中最常用的两种刀具,美工刀轻便安全,刀片分段可折能够维持刀口的锋利,通常各种厚度的纸质都可以使用美工刀来切割。而勾刀的刀片呈现一种特殊的弯曲状态,非常利于刻画和雕刻加工类的精细作业。

图 2-14 美工刀(a)和勾刀(b)

(2)剪刀类(图 2-15)。在纸质模型中最常用的剪刀包括直刃剪刀和弧形剪刀,直刃剪刀容易施力,制作粗模和大面积剪裁时十分适用,最好选择把手设计不对称的那种剪刀,可以更有效地避开遮挡,弧形剪刀更适用于修剪细节和剪裁圆弧部分。

图 2-15 常用剪刀

(3)圆形切割器(图 2-16)。如果要得到规整的圆,用圆形切割器为最佳,它是一种便利又精确的切割工具,加工圆环、圆形都十分适用,通常可以加工的圆直径为 20~180mm。

(4)划痕工具。对纸进行弯折是制作纸质模型的常见加工方法,为了获得比较精确的折线,选择合适的划痕工具是必要的。用于划痕的工具采用类似于无墨水的圆珠笔这类圆滑金属头的工具。

(5)粘连工具(图 2-17)。用于纸粘连的工具非常多,制造者可以根据自己需要的黏度、粘连方式、粘连剂含水量

图 2-16 圆形切割器

对纸的影响、干固时间来选择。常见的有胶水、白乳胶、502胶剂、不同宽幅的双面胶、泡沫双面胶、低粘度透明胶带等。

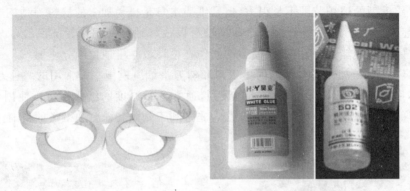

图2-17 各类常用胶

（6）肌理即时贴（图2-18）。如果对纸的表面肌理不满意,可以选择即时贴来改变纸质模型的外观,市面上可选择的肌理即时贴的图案类型非常丰富,如亮光、哑光、木材纹、大理石纹、金属纹、布纹等。

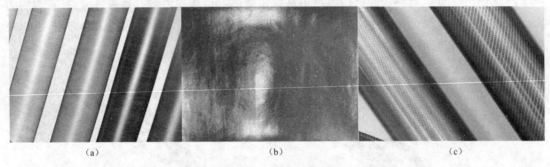

图2-18 各类肌理贴纸

（7）固定工具。在纸质模型的制作过程中,通常需要同时对纸质模型的多个特定部位进行加工。为保证模型的整体形态,得到成功塑造,则需要保证模型处于稳定状态,避免因操作失误而污损纸面,因此将模型的有关部位固定较长时间很必要,常见工具有大头针、纸夹、纸钳、金属夹等。

（8）度量工具。度量工具采用直尺、三角板、曲线板等。

2.2 纸质模型的创作

2.2.1 常见塑形加工方法

（1）裁。纸张不同于油泥,不能修复,无法重复使用,所以在对纸进行裁切要做到心中有数,不要损坏和划伤纸的表面。首先要保证刀刃的锋利和干净,裁切了胶带的刀刃要及时清理干净,钝的刀刃很难在纸上划出直线,而且也非常容易拉伤纸的表面,要尽量选用防滑的尺子,裁切中注意让刀刃与纸张保持垂直(图2-19)。对于很厚的纸张,要让切割的边缘一次裁切整齐几乎不太可能,可以裁切下来以后再对其进行修整,也可以在后期装配组合时特意将不整齐的边隐藏起来。

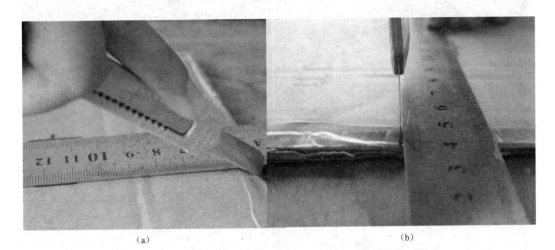

(a) (b)

图2-19 裁切示范

(2)折纸。折纸是纸质模型制作中最常用的技法之一,它的运用非常灵活,可以帮助制作者实现形体的无数个面,再结合明暗对比强度的差异,从而获得各种独特的形体。设计者希望表达的形体越是复杂,制作中越是需要注意技法,否则在制作后期很容易出现面面之间无法匹配的情况。折纸中有一个步骤不能省略,就是"设计",即设计加工的方法,勾勒设计的步骤,在设计的过程中允许设计者反复地试验,这对寻找到最佳的制作方法非常有帮助。如果纸比较厚且硬度较大,就需要在纸上划痕以后再折,这样可以更好地保证加工的质量,划痕的深度最好为纸张厚度的二分之一左右。弯折的方法因纸的大小不同而有所区别,比较大且厚的纸张,可以在划痕后放在一张平整桌面的直边上,使划痕朝下对齐直边边缘,上面压上尺子就可以顺着划痕进行弯折;如果要弯折小纸片,需要留多一些刻画余量,因为稍厚的纸会在转角处的两个端点上因变形而产生轻微的皱褶,如果纸张有了余量,就可以切掉两端的皱褶和多余的部分(图2-20)。

(3)制作圆孔。对于孔径为3~14mm的小圆孔,使用冲孔器制孔是最为快捷简易的方法,注意要在夹布胶木板上操作,如果打孔的位置要求十分准确,一定要先在纸张上画出相比对的参考线和需要打孔的圆,通常画出的圆要大于实际孔的大小,使用冲孔器尽量一步到位,这样打出的孔边缘规则整齐;对于大于14mm的孔,可利用圆规的针尖部分反复画圆来割裂纸张,得到需要的圆孔(图2-21),但是这种方式最大的缺陷在于很难保证圆孔边缘是规整的。另一种常见的方式是用弧形尖嘴剪刀来剪切,先用美工刀在需要剪出的圆孔中间交叉划出两刀,将剪刀插入划出的孔中,沿圆孔的边缘缓慢地剪除多余的部分(图2-21);如果要制作非圆形的孔,比如椭圆、正方形、矩形、三角形或者不规则形状的孔,就需要利用美工刀、勾刀结合剪刀来刻画。如果是有倒圆角的矩形孔,倒角的部分先选用合适的冲孔器冲出圆,然后用剪刀或者美工刀刻出直边,加工过程中尽量让孔与直边准确相切,对于衔接处粗糙的部分可以用细砂纸进行修整。

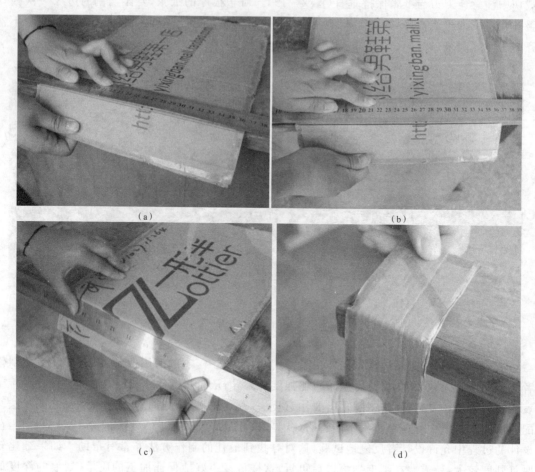

图 2-20 弯折示范

(4) 制作圆边。用纸制作圆边是一项比较困难的工作,尤其是倒边半径很小的圆边。如果要求只能用一张纸且呈现开放可视的形态,那么对制作的方法和手法要求就相对较高。操作时将纸放置在直尺与桌面之间,对齐弯折的边线,两边用 C 型夹夹紧,如果没有该工具,也可以将纸放置在两把直尺之间,两端用大号的铁夹夹紧,用湿布和湿海绵在纸需弯折的内侧区域抹上水,注意只要蘸湿即可,不要用太多的水以免损坏了纸的表面,用双手持纸向上面尺子的方向弯折,操作过程中注意变换手的位置,尽量做到纸沿尺方向各部分受力均匀。如果加工精度要求高,希望圆边过渡得十分精确,就需要使用辅助工具,最合适的辅助工具就是找到一根与需弯折半径相同的圆棍,让纸沿着圆棍的边缘向上弯折,现在 PVC 管材的型号非常多,制作者可以充分利用这种材料(图 2-22)。

(5) 制作大曲面。首先准备与实际所需大一点的纸,以备切除多余的材料,留下加工最好的部分。在工作台面上铺一层泡沫板,选择一根与纸所需弯曲的直径相一致的 PVC 管,将管材平行于纸边并使之在纸需要弯曲的范围内滚碾(图 2-23),整个操作过程通过变换手的位置尽量均匀施力,然后可以通过制作加强筋在局部将形体支撑住,也可以将纸的边缘折起来或者与纸质模型的其他部分粘贴起来。

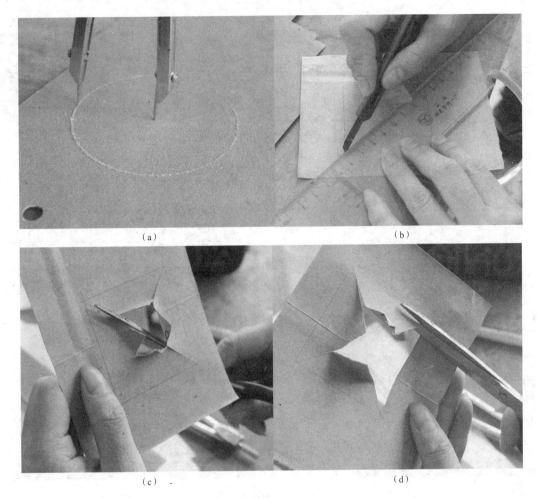

图 2-21 制作孔的动作

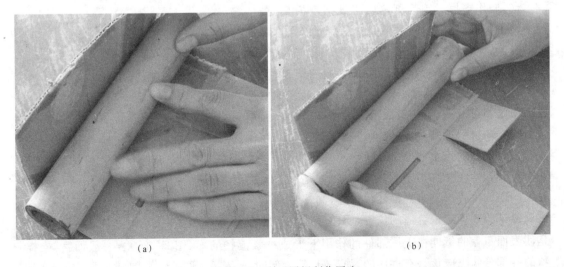

图 2-22 利用圆棍制作圆边

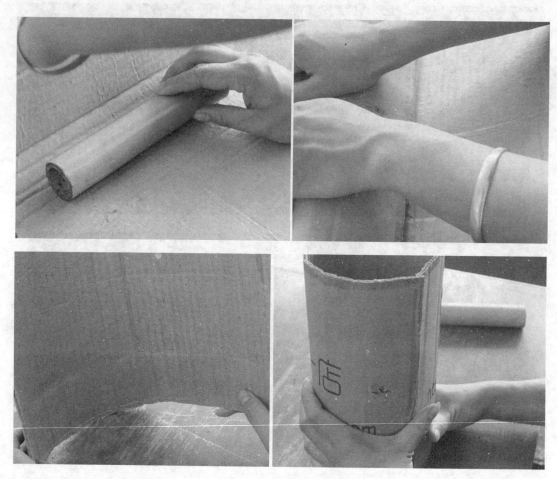

图2-23 制作大曲面

(6)制作支撑。因为纸不属于高强度模型材料，很多情况下需要支撑，通常小型的模型可以通过增加纸的厚度，以多层纸来做支撑，制作者可以多从结构设计方面考虑，支撑材料尽可能采用泡沫塑料、厚纸板等(图2-24)。一般而言，支撑材料在最终的成型模型中是不可见的，制作者既可以考虑在模型表面用合适的纸质材料遮盖，也可以通过制作有意义的结构让其成为模型的一个部分。

需要特别注意加工中的两个技巧：一是内部支撑材料的摆放位置一定事先设计预留好，制作者可以通过反复试验来确定最合适的位置，所谓合适的标准即

图2-24 制作支撑的板材

是使表面覆盖的纸能在支撑部件的作用下形成平整流畅的面(图2-25)。一般而言，支撑材料的各部分间隔应该是有秩序的，如等距、等比例间隔、对齐、平行等；二是制作过程中应采取施胶点的粘贴方式，很多时候制作者不注意控制粘胶量，随便地如挤牙膏似地挤粘胶，很容易使粘胶

过量,既污损纸的表面,也容易造成纸吸收太多的水量而变形,而在粘连的纸面上施均匀分布的胶点就可以避免出现以上问题,另外需在弯或张力较大的部分施加略多的胶点(图2-26)。

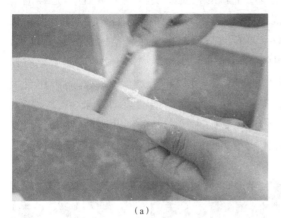
(a)

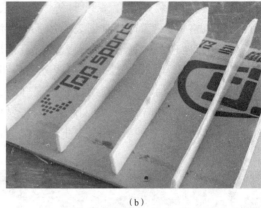
(b)

图2-25 支撑部分

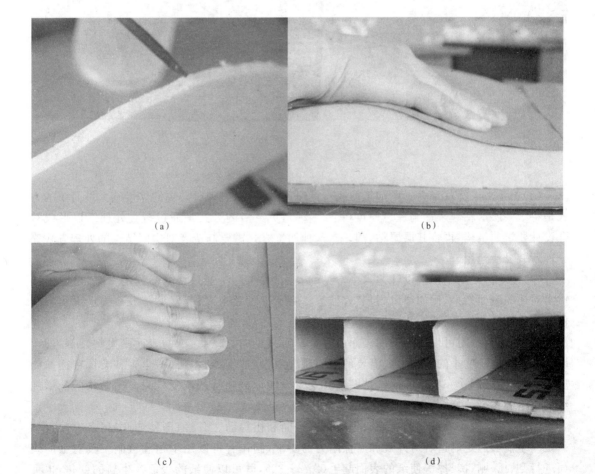

图2-26 施胶点支撑面示范

2.2.2 常见表面加工方法

对纸进行表面加工是为了改变纸的表面状态,产生新的视觉感受。现实生活中,这样的应用非常广泛,如包装设计、家装设计等。处理纸表面的目的既可以加强视觉对比效果,也可以保持特定风格。一般而言,对纸表面加工的方法主要有凹凸处理、层叠、镂空、黏附、起毛等。

(1)凹凸处理。这是纸的表面处理中最常用的一种加工方法,在立体构成专业课中也有这种加工方式的练习。如果要得到棱线分明的凹凸处理效果,可以将纸放置在平整的工作台面上,通过沿所需要的不同分割线折叠再展开的方式获得棱角分明的凹凸表面效果(图2-27)。如果要得到大面积起伏凹凸的表面效果,需要先将泡沫板加工成需要的凹凸表面,将其打磨平整以后垫在需要加工的纸的下方,把纸喷湿后挤压成型,即获得与泡沫板相同的凹凸表面。

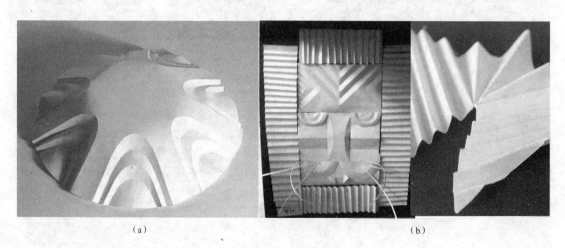

图2-27 凹凸处理

(2)层叠。层叠就是为了增加纸质模型的厚度和强度,表现所需要的体量感。最简单的方式是将纸一层层粘起来达到理想厚度(图2-28),更灵活的方式是通过折叠处理纸以形成符合设计要求的结构,再将其层层粘合起来,这种加工方式需要制造者对空间结构的处理方式充分理解并灵活运用。

(3)镂空。镂空是现代设计艺术中常见的表面处理方式,通过镂空不同的图案,形成不同虚实对比的表面效果,比如屏风、包装容器等。除了视觉效果以外,镂空部分还提供虚实空间创造的多样可能性(图2-29)。

(4)黏附。黏附可以改变纸的表面肌理是显而易见的,通过在纸的表面刷上粘贴剂,即可以在其上撒上一些小的颗粒形成需要的表面肌理效果,如细沙、木屑、粉尘等各类可粘连的物质,还可以用纸制作一些小的部件粘贴在其上方也能形成独特的视觉效果。粘贴物既能增加纸的重量和强度,也使整个纸质模型的表面肌理效果改观。

(5)起毛。制作模型纸的表面肌理效果有光面和粗糙面之分,但即使如此,很多时候也不一定完全能够满足制造者对外观和摩擦阻力的要求,制作者可以用手指和竹制工具对纸的表面进行刮、抓、刷、搓、擦等使纸的表面起毛(图2-30),既可以使纸的表面产生新的变化,也可以增加纸张表面的摩擦力。

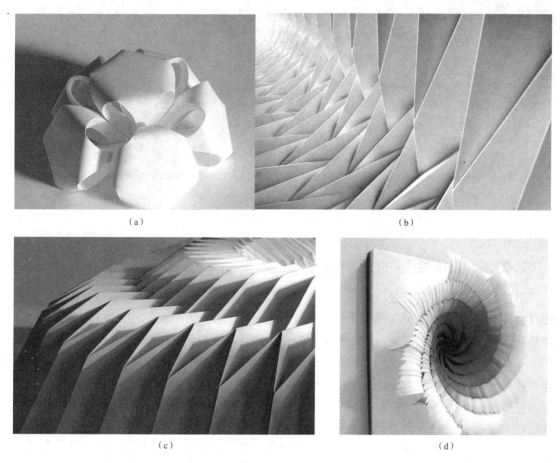

图 2-28 层叠处理

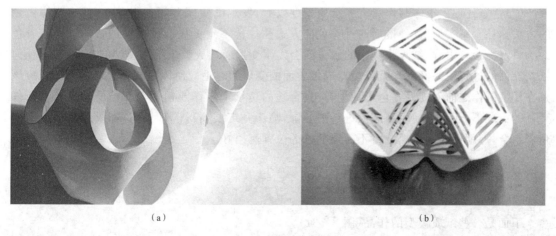

图 2-29 镂空处理

图 2-30 纸的表现处理

2.2.3 纸质模型的后期处理

(1)修整。要得到最后规整的纸质模型,修整是必要的一步。修整一定要等到粘胶完全干透以后再进行,因为纸有一定的吸水性,在粘贴的过程中会产生一定的变形;此外,纸有一定的弹性,有可能在粘胶干涸以后,在纸模转折处、边缘处翻翘卷曲,因此修整是在模型完成且粘胶干透以后再动手操作,制作中间过程中不要随意对纸模修剪,如果误操作使纸模形成缺口再去弥补相对更困难。

修整并不是很多制作者想当然认为的想修哪边就修哪边,而是有序展开的。把握的原则是:一是先完成一边的修整再修另一边,比如先将模型的整个右边修整完成以后,再进行左边的修整,这样可以很好地避免两边同时修整时拽动了纸的边缘而造成材料的缺损,也更有利于参照修整下边缘;二是先修转折或曲边,再修直边,用直边来对齐曲边更容易保证边缘的整齐;三是修整时保持剪刀的角度为45°,不要一步到位地靠近纸质模型的边缘来修整,用剪刀修整以后再将纸模型放置在工作台面上用美工刀和直尺精细地裁剪。

(2)色彩处理。很多制作者完成纸质模型以后,发现纸质模型颜色很单一,就希望用着色的方法弥补。事实上,这种最后通过着色的方式往往达不到美化纸质模型的目的。一是着色的颜料多少含有水分,纸吸收其中的水分就会发生变形而造成整个纸质模型的扭曲;二是任何纸在涂饰的过程中一经刮刷就可能造成纸表面的变形和起毛。所以最好的色彩处理方式应该是在模型制作之前就规划好色彩计划,选择合适的色纸来制作或覆盖。在纸质本身属性条件允许的情况下,还可以使用灌装漆进行喷装饰,喷漆一定要喷得薄且均匀,如果纸质模型需要色彩组合,那就要使用遮挡纸将不需要喷饰的位置遮挡好。

2.3 纸质模型案例

下面是一些纸质模型的作品(图 2-31)。

第二章　纸质模型的制作

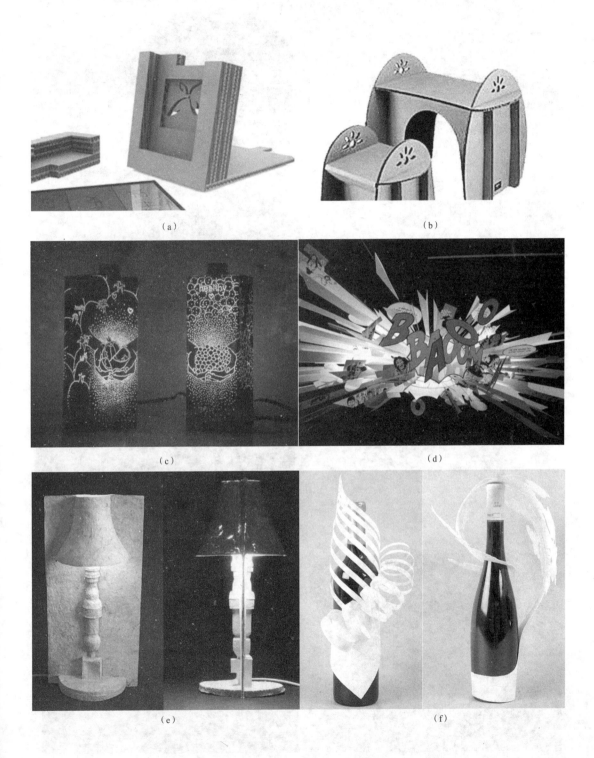

(a)　　　　　　　　　　　(b)

(c)　　　　　　　　　　　(d)

(e)　　　　　　　　　　　(f)

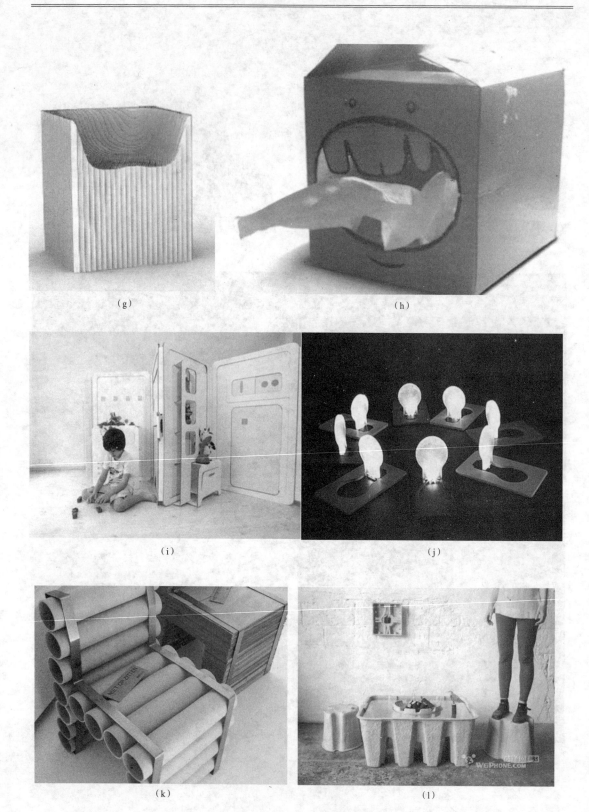

图 2-31 纸质模型作品

第三章 石膏模型的制作

3.1 石膏模型制作概述

3.1.1 石膏的成型特性

天然石膏(图3-1)是含水硫酸钙矿物的半透明结晶体,俗称生石膏。而在模型制作中,通常使用的是通过煅烧失去部分水分或完全失去水分以后的熟石膏粉(图3-2),市面上售的熟石膏种类十分繁多,不论哪种品牌,以选择质地较为细腻、纯白色、无杂质且干燥的熟石膏粉为宜。

图3-1 天然石膏

图3-2 熟石膏粉

熟石膏粉与水发生化学反应可以凝固成型,凝固的石膏有着良好的加工性能,可满足修整、打磨、着色等各类造型制作要求,选择石膏来制作模型也正是基于熟石膏的这一性质。熟石膏粉与水的比例直接决定成型后的强度,一般需要雕刻加工成型的石膏模型不需要很高的强度,此时熟石膏与水的比例通常是1∶1.3,而无须雕刻,只需注浆成型的石膏模型其熟石膏与水的比例可以是4∶3,强度最大的用于加工其他材料(比如塑料模型)的石膏阴、阳模,则熟石膏与水的比例达到5∶4。所以,在调和石膏之前先要基本确定制作的石膏制品需要达到何种强度。

调和石膏除了控制熟石膏粉与水的比例以外,水温、进水量和搅拌速度对调和石膏也都有很大的影响。水温越高、进水量越小、搅拌速度越快,石膏凝固的速度越快,反之亦然。除了这些常规办法以外,一些常见的添加剂也可以改变石膏调和的属性,比如边调和边撒盐就可以明显加快石膏凝固的速度。如果有些石膏模型的边角部分容易碰撞和磨损,或需要修补,常规调和的石膏无法满足强度要求时,可以边调和边加入白乳胶来有效提高调和石膏的强度。

与水反应以后的石膏制品(图3-3)在常规环境中非常稳定,但是石膏粉却容易受潮,必须合理地存放未使用过的石膏粉。首先要将石膏粉放置在干燥的地方,并将其完全封口,因为空气中的水气很容易被石膏粉吸收,日常生活中使用的干燥剂有的就是利用石膏粉的这个特点制作的;其次,石膏粉不能长时间保存,开封后应尽快使用。如果使用已经受潮的石膏粉来制作模型,很大程度上会影响其凝固的质量,如易产生断裂,多气泡,甚至不能使用。最好是在模型制作之前就预估好所需石膏粉的用量,适量购买。

(a) (b)

图3-3 石膏制品

3.1.2 学习石膏模型制作的目的

学习用石膏制作产品模型是设计教学中的一个必要环节。石膏虽不及油泥在曲面造型方面的优势,但成本造价却要便宜得多;虽无法达到塑料模型的质感与真实感,却更易成型;等等。石膏的优势还非常多,具体对石膏的了解与认识还需要在真正的动手过程中去体会。

通常,初学设计者选择石膏来制作模型是比较合适的,它成型方法多样,通过经历各种不同的实验过程,可以帮助初学者提高对形体的认识和把握能力,比如制作一个简单的手柄,可以通过认真切实地分析各种不同的把持方式,来制作一系列不同手势的石膏模型,初学者通过这一个过程就能很好地强化对"手"的认识,在未来的设计工作中,就能比较自如地将自己对"手"的理解应用到和手相关的产品设计中。另外,石膏模型允许一定程度的修补,如果一次制作不够完美,还可以在制作的任意阶段适时进行修补,这个优势对初学者很有实际意义,且制作完成以后的石膏制品基本不再与水发生化学反应,可以稳定地存在于自然条件下,即可长时间存放。也正是因为上述这些因素,石膏制品在现代装饰设计中得到了普遍的应用。而在工业设计领域,考虑到石膏的强度限制,一般都是在设计的初级阶段用于制作概念模型备方案论证之用。

3.1.3 制作石膏模型所需的材料、常用设备及工具

石膏属性易加工,制作石膏模型需要使用的设备、工具都很简单,课堂上制作也很容易。

(1)鼓风干燥箱(图3-4)。有条件的话,配备一台鼓风干燥箱比较好,因为掺水调和以后的石膏需要比较长的时间干燥,冬天阴雨天有时候要约一个星期。如果将刚制作的石膏模

型放置在鼓风干燥箱中,将温度调到60℃恒温状态,可以大大加快石膏干燥的速度。注意,温度以60℃为宜,不能将温度调得过高,这样会造成石膏形体中的水分失去速度不均而出现裂缝。

(2)车模机(图3-5)。车模机可以制作类似于圆柱、圆锥等回旋体的规则模型。如果没有车模机,而且只需要制作没有特定尺寸要求的圆柱形模型,也可以通过向PVC管内涂刷脱模剂,直接用PVC管注浆成型。

图3-4 鼓风干燥箱　　　　　　　　图3-5 石膏车模机

(3)塑料盘、橡胶手套。戴上橡胶手套后,在塑料盘中调和石膏,既便于把握石膏的浓稠度,也可以避免发热石膏对皮肤的伤害。

(4)各类度量工具和模板。与制作其他材料的模型一样,要准确把握模型形态及尺寸,都需要使用各种度量工具和模板。

(5)常用电动工具和手动工具。如用于切割模板的线锯,在各类材料上都可以任意打孔的手持电钻,切割石膏的手工锯(图3-6),集切削和填补石膏功能于一身的灰刀(图3-7),对石膏体进行细部修整加工的镂刀、整形锉等手动工具。

(6)制作型腔的材料。根据石膏硬度、精度要求的不同,制作型腔通常也会有所不同,比如低硬度的粗加工石膏体就可以选用硬纸板(图3-8)、发泡塑料、废弃的KT板(图3-9)等制作型腔,如果需要制作的模型形态复杂,就可以选用黏土、塑料板等制作型腔。

(7)辅助材料和小工具。石膏模型制作中使用的辅助材料种类不是很多,但是每种辅助材料都能发挥不小的作用,比如用于增加石膏硬度或粘连的白乳胶(图3-10)和腻子粉,用于脱模的毛刷(图3-11)和脱模剂(图3-12),用于光滑石膏模型表面的砂纸(图3-13)。

(8)上色材料与工具。如果希望制作好的石膏模型能够拥有满意的色彩效果,就需要上色。一般使用羊毛刷除尘和自喷漆上色,如果是用涂料上色,则要用到硝基稀料、酒精和漆片,如果石膏模型是多色组合,那遮挡纸就必不可少了。

图 3-6 手工锯　　　　　　　　　图 3-7 灰刀

图 3-8 硬纸板　　　　　　　　　图 3-9 KT板

 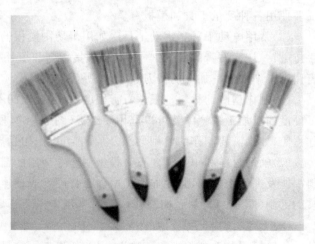

图 3-10 白乳胶　　　　　　　　　图 3-11 毛刷

图 3-12 脱模剂

图 3-13 各种规格的砂纸

3.2 石膏模型的制作

3.2.1 石膏的调制方法

市面上出售的石膏粉种类繁多,而在模型制作过程中需要选用质地比较好的熟石膏粉,所以在制作之前考量熟石膏的质地十分必要。通常情况下,模型制作选用的熟石膏粉为白色,摸起来质地较为细腻柔软,而那种掺杂了黑色小颗粒,有杂质,摸起来手感粗糙的熟石膏粉尽量不要选用,因为成型过程中容易生成气泡,且凝固以后也容易形成密度不均的石膏块体,直接影响后期的塑形。

调制石膏使用的工具主要有:一个塑料桶或者塑料盆,一个可以用于搅拌石膏的干净木棍或者长塑料勺,一块吸水性较好的抹布。

调制石膏的过程简单容易,技术要求低,但却很讲求操作过程的顺序。首先,在容器中放入适量的清水,然后用手抓起适量的熟石膏粉均匀地撒入容器中,此时不要搅动容器,尽量让石膏粉以自重下沉,充分吸收水分,当撒入的石膏粉高于水面约5mm时即可停止加入熟石膏粉,静待1～2min以后,用长棍或手沿顺时针方向搅动熟石膏粉,搅动时力量均匀,动作缓慢,切忌大力或者任意换方向搅动,以减少空气溢入而在石膏浆中形成气泡。随着石膏不断地吸水,将感觉到石膏浆的黏稠度越来越高,而石膏浆已成乳脂状时,即可用手伸入到石膏浆容器中,若感受到石膏浆黏稠而柔软,且完全没有块状颗粒以后,即表示石膏的调制过程已经完成,此时的石膏浆已经处于最佳的浇注状态(图3-14)。

针对操作中容易出现的问题,制作者务必注意以下几点:①一定是在水中加入熟石膏粉而不能在熟石膏粉中注水。因为熟石膏具极强的吸水性且很容易固化,在熟石膏粉中注水只能形成石膏块体,而不是能够用于塑性加工的石膏浆;②撒石膏时一定要尽量均匀,且每次不能撒太多,保持少量多次的方法,这样可以减少小结块出现的几率;③石膏撒放好以后需要静置片刻,因为溢出气泡需要1～2min;④搅动石膏浆一定要按同一方向进行,切忌胡乱搅拌;⑤石膏浆的黏稠度是一个比较难控制的关键点,太稠太稀都不易成型,判断标准以手上沾有的石膏

图 3-14 石膏的调制过程

浆很柔软但不是很容易滑落则可认为黏稠度合适,初次制作者最好用少量熟石膏粉多试验几次以减少失误。

3.2.2 石膏的成型技法

石膏成型的常用方法主要有三种:雕刻成型、翻制成型和旋转成型。这些成型的技法都具备加工便捷、经济实惠的特点,对场地、设备的要求都比较低,制作者可以根据不同产品的形态特点和自己的技艺特长,选用合适的成型技法。

3.2.2.1 雕刻成型

雕刻成型是石膏模型制作中的主要成型技法之一,它的特点是适用范围广泛,加工方法灵活,对形态的要求低。绝大部分的形态都可以采用这种方式加工,既可以用于制作大的石膏模型,也可以用于制作小的石膏模型部件,但局限性是该方法对加工者的手工技能要求比较高,加工者需要对手工工具的使用比较娴熟,这样制作出来的模型才可以达到很精细的程度。

首先,制作者需要绘制比较完整的草图,除了要表现出比例关系、主要的形态特点,一些小细部,比如小的按键、小的插口、过渡面等容易被忽视的部分也应该认真考虑清楚。在设计领域,制作模型的目的除了要得到一个具体的形体以外,更重要的是帮助制作者加深对形态的理解,所以制作的过程应该是有目的、有步骤、有计划的规范过程,切忌养成边想边做,做到哪儿算哪儿的坏习惯。

有了完整的图示参考,就可以制作坯模了。坯模可以选用常见又易得的材质来制作,如废旧的硬度较高的纸盒,废弃的PVC、ABS板材、泥条等(图3-15),再使用胶带、麻绳等多种方式固定,坯模的形态要求很低,只要大致与目标模型接近即可,因为是否能得到满意模型的关键还在于后期雕刻。需要注意坯模的尺寸一定要略大于目标模型,目的是为了给雕刻阶段留出足够的加工余地。

图3-15 坯模

坯模完成以后,就可以实施调浆注浆了。一人将调制均匀的石膏浆浇注在坯模的中间,使其从中间向四周流动,这样可以帮助排出气泡,另外一人可以轻轻地晃动坯模,以利于石膏浆快速流动。当石膏浆凝固大约10min以后,即可以感觉到石膏块处于微热状态,用手触摸,石膏并不粘手,此时即可以移去坯模,等待进一步固化或进行下一步的操作。

雕刻阶段关系到石膏模型的形态是否准确,表达是否完整,可以说雕刻阶段的工作十分重要。在雕刻之前,制作者首先必须有一个清楚的意识,雕刻工作从来不是一蹴而就的,它包含了粗修、精修、修饰和粘连多个阶段的工作,因此制作者必须保持一定的耐心,逐步达到塑形的目的。初修即是用刮刀或铲刀修出产品模型的大体形状,俗称修大形,该过程讲求快和准,不拘泥于细节,"快"的目的是为了争取时间,如果等到石膏完全固化以后再操作会显得十分费力,"准"是在留有余量的基础上,让石膏模型呈现出大致的形面关系(图3-16)。

图3-16 初修

初修完成以后,就可以进入精修加工阶段。加工的重点从整体关系转换到了局部细节处理,在加工过程中,制作者可以利用蛇形尺、圆规、三角板,甚至是自己制作的靠板等度量工具进行各个局部的比较、审视和测量。用小刀、锯条或者修形刀刮削(图3-17)。

对于表面的不平整还需要使用砂纸打磨,一般情况下,先用粗砂纸蘸水打磨,再用细砂纸蘸水打磨(图3-18)。打磨时石膏最好已经完全固化,固化的方法通常是阴干,切忌暴晒,以免导致石膏体出现裂缝,亦可使用干燥箱加速固化。精修完成以后,制作者会发现整个石膏模型暴露的最大问题是表面粗糙,因注浆过程中难免会有气泡形成,这些气泡在石膏固化以后就成了凹洞。石膏模型表面的凹洞非常影响其外观效果,所以修补过程必不可少。将少量的熟石膏粉、微量的腻子粉和白乳胶充分搅拌涂于凹洞或者有缺陷的部位进行填补(注意:腻子粉不能过量,否则固化以后硬度太强难以加工)(图3-19),待完全干燥以后打磨即可。而对于表面不够光洁的问题,可以使用半湿的干净抹布蘸石膏粉反复修饰表面(图3-20),即可得到光洁的表面效果。

在实际授课时,相当一部分学生设计的模型都是比较复杂的形体,这就涉及到分块浇注或者是分块雕刻成型的问题。每一块的成型方法如上所述,但是最终的石膏模型就需要用黏结的方法成型。是否能够黏结成功,除了黏结的方法以外,形体与形体间的接触面是否吻合也十分关键,在黏结之前,一定要设法将黏结面加工完全吻合,再调制很浓稠的石膏浆并加入少量白乳胶,沿着接触面用手捏住石膏模块,用毛笔蘸浆以后快速滴入到接触面的缝隙中并捏紧(图3-21),最后将溢出的石膏浆打磨去除(图3-22)。需要注意,一是粗糙的接触面更易粘连,二是动作要快,因为浓稠的石膏浆固化的速度十分快,固化以后的石膏浆就起不到黏结的作用了。

第三章 石膏模型的制作

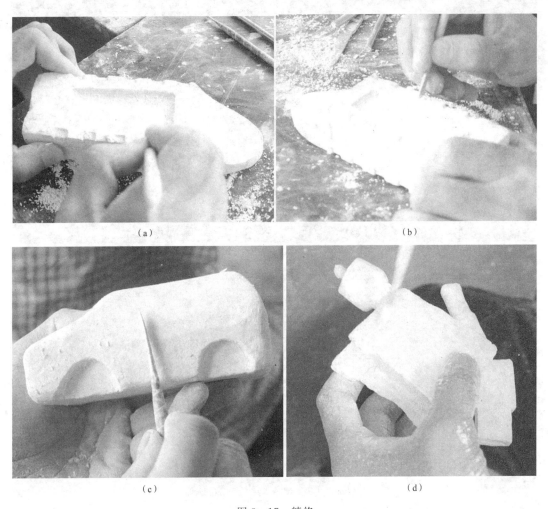

图3-17 精修

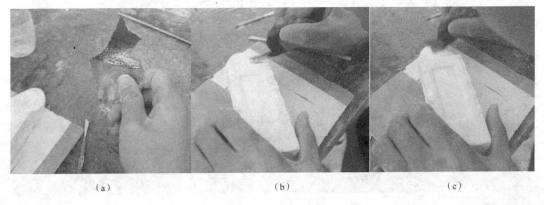

图3-18 蘸水打磨

·32·　　　　　　　　　　模型制作实验指导书

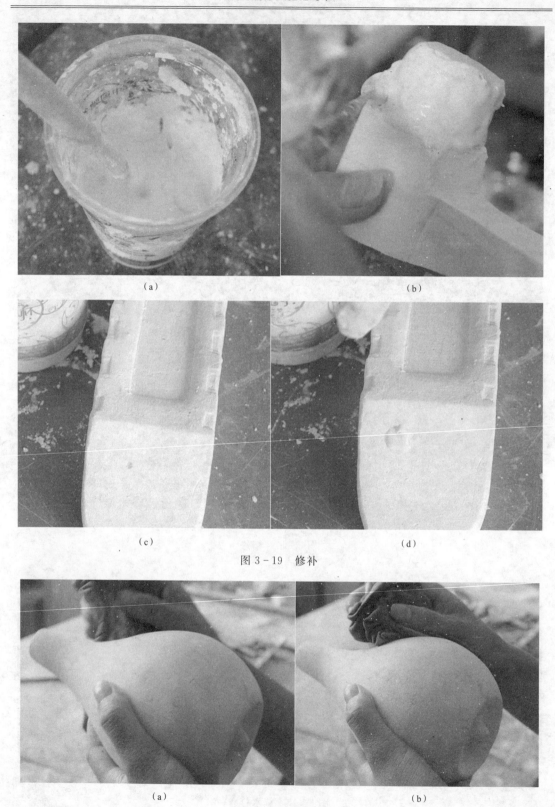

图 3-19　修补

图 3-20　表面修饰

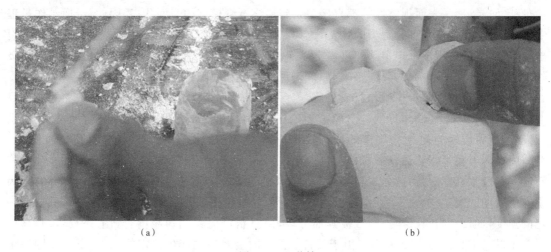

图 3-21 黏结

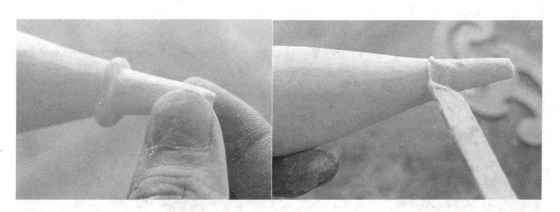

图 3-22 去除石膏浆

3.2.2.2 翻制成型

石膏翻制成型的加工步骤类似于现代工业生产中的加工过程,只不过使用到的材料更常见,更易加工。这种成型方式相对于雕刻成型的最大优势在于,它可以通过模具进行批量化的生产。一些中空的形体(如电熨斗)、大曲面形体(如微缩躺椅)等,使用翻制成型的加工方法相对更容易些。

翻制成型的加工方法是石膏模型制作中加工步骤最多的一种成型方式,它分为以下八个步骤:制作标准尺寸参考图、母模制作、筑模围、制作阴模、脱母模、合模并浇注制作阳膜、脱阴模、修补石膏模型。

第一步:制作标准尺寸参考图。翻制成型加工方法需要使用的尺寸参考图与雕刻成型加工方法中所要求的是一样的,但是由于需要使用翻制成型加工方法的石膏模型一般相对更为复杂,所以制造者可以根据具体情况,将整体模型分为多个零部件多张绘制,以达到清晰明了的要求。

第二步:母模制作。制作母模的材料一般要求可塑性强和方便脱离,所以油泥、黏土和泡沫塑料都是不错的选择。母模的形态就是最终石膏模型的形态,所以制作者在制作母模的过程中要不断地比对测量,以求达到符合设计效果的标准形态。需要特别说明的是,母模的表面状态,比如光洁度、表面规整性等都直接关系到最终石膏模型的表面状态,因此,母模制作过程中,需要保护好母模和进行适当的休整,比如黏土制作的母模就很容易因为黏土干燥而产生裂缝和间隙,这需要用湿毛巾覆盖在母模上以保持湿度。此外,油泥、黏土的吸附力很强,容易吸附灰尘,这需要清除表面的浮泥杂物,如果出现了裂缝和间隙也需要及时填补。

第三步:筑模围。母模制作完成以后,需要将分型面、分模线、分模步骤酝酿成熟才能有目的地筑模围。将已经制作好的母模稳固于工作台上(图3-23),用小刀在母模表面轻轻划出分模线,用碾压好的泥条从母模的底部往上附着在母模的周围,直到分模线的位置(图3-24),用修泥刀和手指将泥条和母模相接的部位填平,不要留有任何空隙,因为任何的空隙都将会流入石膏浆,破坏最后的石膏模型,然后在填平的泥条上钻几个孔(图3-25),其目的是为了方便后期的完整扣合。一切准备就绪以后就可以筑模围了,筑模围的材料有多种,只要有一定的强度,如硬纸板、KT板、ABS板等都可以,用材料沿泥条的边缘围合(图3-26),其高度要高于母模的最高点4cm左右。由于石膏浆注入时会对模围产生一定的压力,所以模围一定要固定牢靠,对脆弱的部分可以适当地用小木棍、铁丝加固,且转折的部分不能有任何缝隙,以免石膏浆外溢。

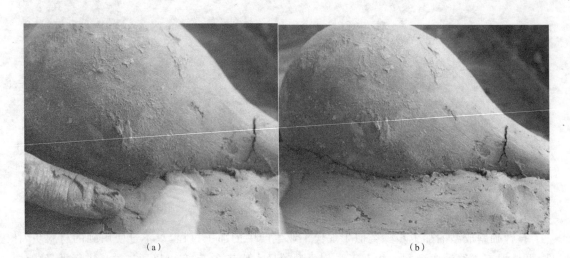

(a)   (b)

图3-23 母模

图3-24 分模线   图3-25 打孔

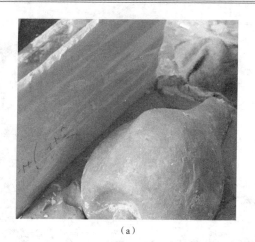 

(a)　　　　　　　　　　　　　　　(b)

图 3-26　边缘围合

第四步：制作阴模。石膏浆的调和方法如前所述，在调好的石膏浆中加入一点水粉颜料，可以让固化的石膏略带颜色，以区别于后期制作出来的阳模。将准备好的石膏浆先均匀地浇注一层在母模上，然后从母模的最高点位置缓慢、均匀地注入石膏浆，在尽量保证空气混入的前提下使石膏浆填满整个模围腔内。大约等待15min以后，会感觉到石膏的表面已经发热，这表示石膏浆开始凝固，阴模A已经成型（图3-27），此时即可以拆掉模围。阴模B的主要制作思路与阴模A一样，将已经浇注好的阴模A连同另一面母模翻转过来，并将阴模A稳固地放置在工作台上，用筑模围的材料按照上一步介绍的方法沿着阴模A的边缘搭建新的型腔，注意模围与阴模A之间不能有任何间隙，可以捏制细的泥条塞紧。然后切割几块约70mm×30mm×30mm（图3-28）的泥条粘连在阴模A上，这将作为后期开启阴模A、B的扣手。为了方便后期准确地沿分模线开启阴模A、B，还需要用羊毛刷蘸取凡士林或者极浓稠的肥皂液在阴模A的表面薄薄地涂上两三遍（图3-29），注意不要涂得太湿，此时即可以按照制作阴模A的方法调和、浇注石膏浆。待阴模B固化以后，先去除模围，用小刀剔除泥条，露出扣手，用小刀沿着分模线的位置轻划几次，小心地使阴模A与阴模B分离，就得到了需要的一套阴模（图3-30）。对于特别复杂的形体可能需要制作多套阴模，但是具体的方法都一样。

 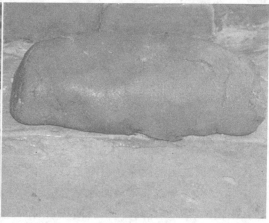

图 3-27　放置在阴模A上的泥坯　　　　　　图 3-28　泥条

图 3-29 涂抹脱模剂　　　　　　　图 3-30 一套阴模

第五步：脱母模。阴模制作完成以后，就可以去掉母模，使用雕塑刀从外向内刮掉泥土，刮泥动作要轻缓，不要刮伤阴模的内壁，内壁上凸起的地方要刮平，塌陷或有小洞的部分可以用毛笔蘸取熟石膏粉进行填补（图 3-31），力求整个内壁光洁，待整个阴模基本固化以后，用清水和毛刷清洗干净。

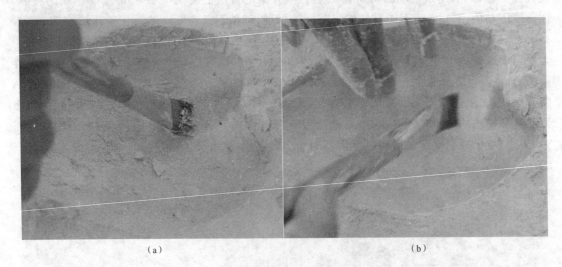

(a)　　　　　　　　　　　　　　　(b)

图 3-31 填补阴模内壁

第六步：合模并浇注制作阳膜。为了使阴阳模完全脱开，此时需要再次用羊毛刷蘸取凡士林或者极浓稠的肥皂液涂在阴模 A、B 的内壁上（图 3-32），沿着分模线将阴模 A、B 完全吻合，并用石膏、绳子或胶带将两者完全密封。注意：此时调和石膏浆时可加入一定的颜色，使其与阴、阳模的辨识度提高，便于后期拔模时快速寻找到分离线（图 3-33），再将注浆口调至水平状态并放稳，并用石膏将分界线完全封住（图 3-34），将调好的石膏浆注入阴模内，开始不要注入太多，摇晃阴模，帮助石膏浆均匀流至不容易进入的地方或部分，按照同样的方法，将整个阴模的内腔注满石膏浆(图3-35)。

(a)   (b)

图3-32 再次将脱模剂涂于阴模内壁

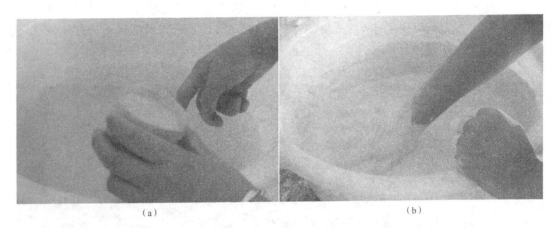

(a)   (b)

图3-33 将石膏着色

(a)   (b)

图3-34 用石膏封住分界处

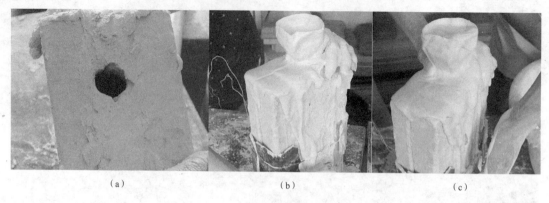

图 3-35 注浆

第七步:脱阴模。浇注好的阳模静待 15min 左右,石膏就开始凝固发热,此时阴阳模之间会有些许的松动,此时是脱去阴模的最佳时机,用短木棍轻轻敲打阴模的外壁,用灰刀插入分模线的缝隙中轻轻撬动(图 3-36),手指插入扣手慢慢松开阴模,如果感觉不易打开,不可强行拉拔,以免破坏阳模。

图 3-36 脱去阴模

第八步:修补石膏模型。阴模分开直接获得的阳模,其表面效果通常不够光洁,与雕刻成型技法中的最后一步一样,同样需要处理,凹陷的部分可以使用白乳胶与石膏调和后填补,用蘸水的砂纸打磨表面,具体操作方式如图 3-18、图 3-19 和图 3-20 所示。

3.2.2.3 旋转成型

要得到规整的圆柱、圆台等形状,单靠手工制作十分困难,比较好的方法是需要借助石膏车模机,车模机并非是全自动设备,操作过程中仍需要手工操作的配合。所以在操作前掌握一般的车削原理和基本操作方法十分必要,通常情况下,要比较自如地操作车模机还需要多次练习。

3.3 石膏模型的表面修饰

石膏的物理属性决定了其表面肌理无法达到如金属、木材或者塑料样的光滑表面效果,通常需要对石膏模型的表面进行修饰。

3.4 石膏模型的制作图集

石膏模型制作过程的案例如图3-37至图3-49所示。

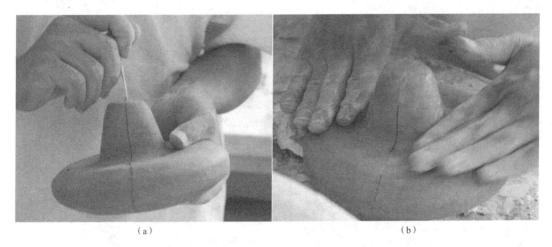

(a)　　　　　　　　　　　　(b)

图3-37　刻画分模线

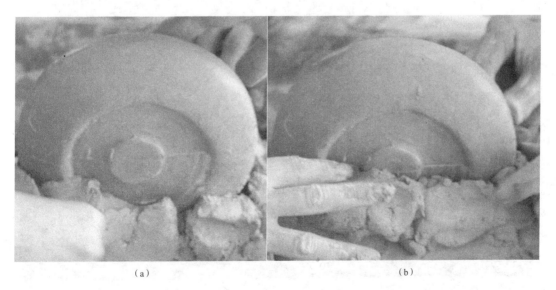

(a)　　　　　　　　　　　　(b)

图3-38　从底部附泥直到分模线

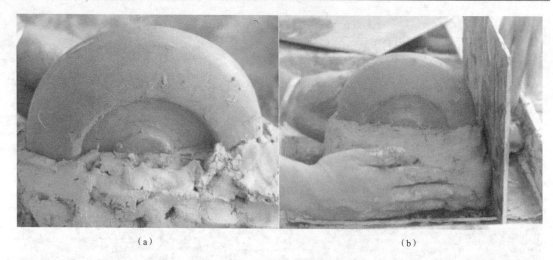

图 3-39 筑模围

图 3-40 浇注母模前的准备工作

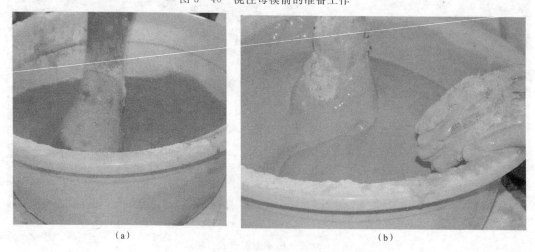

图 3-41 调着色的石膏

第三章　石膏模型的制作

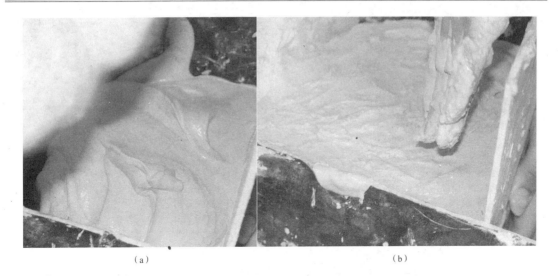

(a)　　　　　　　　　　　　(b)

图3-42　浇注

(a)　　　　　　　　　　　　(b)

图3-43　倒置母模

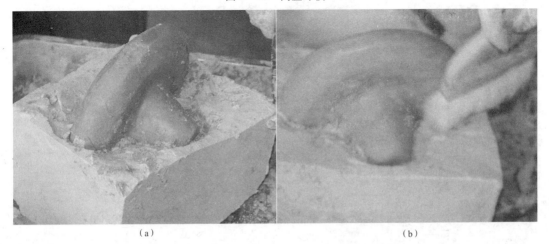

(a)　　　　　　　　　　　　(b)

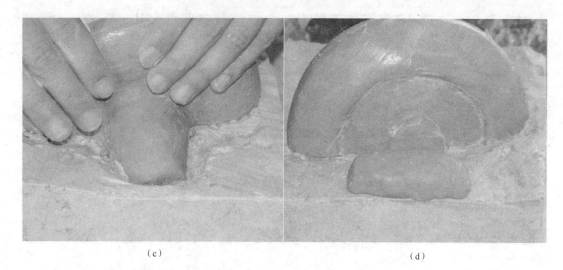

(c)　　　　　　　　　　　　(d)

图 3-44　涂抹脱膜剂

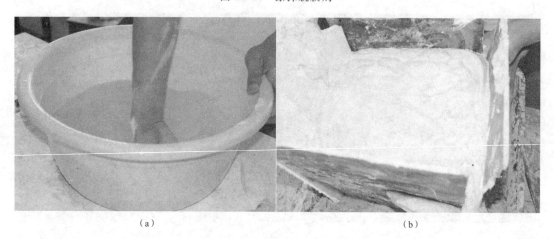

(a)　　　　　　　　　　　　(b)

图 3-45　浇注另一面

(a)　　　　　　　　　　　　(b)

图 3-46　干燥后分离上下模块

第三章 石膏模型的制作

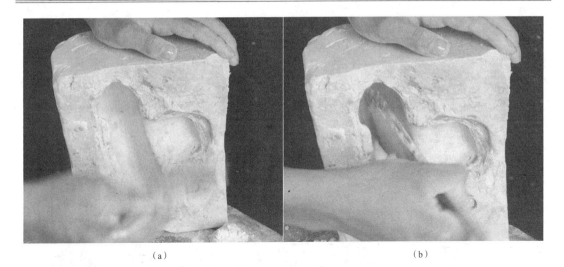

(a)   (b)

图 3-47 清理杂质

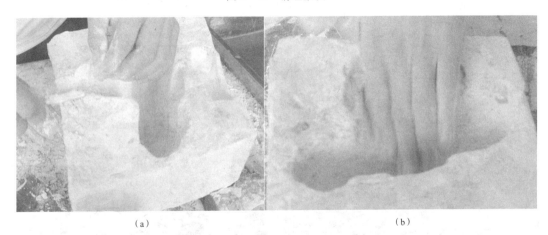

(a)   (b)

图 3-48 搯出浇注孔

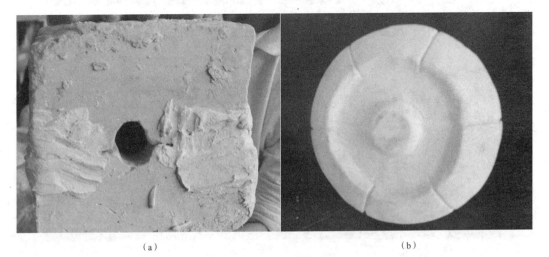

(a)   (b)

图 3-49 浇注脱模成型

3.5 优秀石膏作品展示

优秀石膏作品模型如图 3-50 至图 3-55 所示。

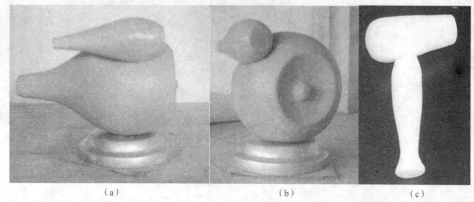

图 3-50 石膏作品 1

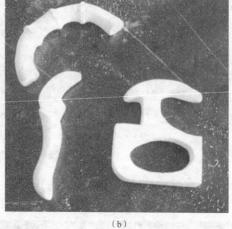

图 3-51 石膏作品 2

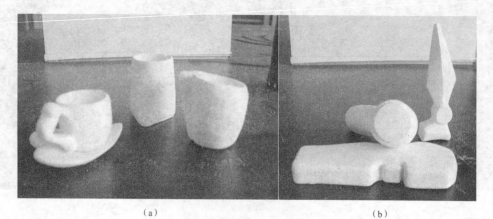

图 3-52 石膏作品 3

第三章 石膏模型的制作

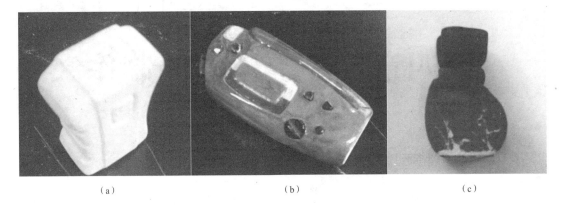

图 3-53 石膏作品 4

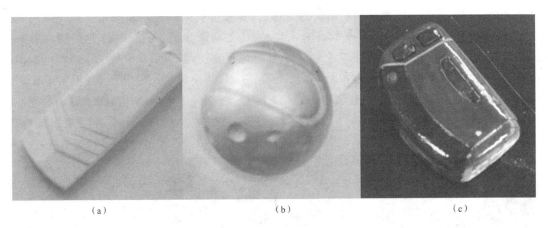

图 3-54 石膏作品 5

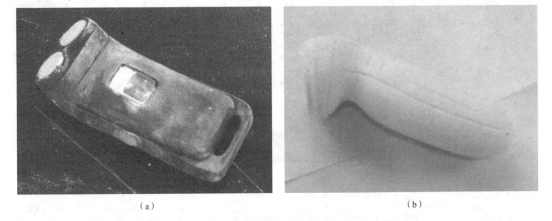

图 3-55 石膏作品 6

第四章　黏土模型的制作

4.1 黏土模型概述

4.1.1 了解黏土

陶艺主要制作材料就是最原始和最普通的黏土,黏土是自然界中的长石类、硅酸盐类岩石经长期风化作用产生的多种矿物和杂质的混合物,其颜色会因所含物质的差异呈现出白、黄、红、黑等多种色彩(图4-1)。黏土取材非常容易,比如河床淤泥、深层土等,它们都具备一定的粘合性,可以进行修、刮、填、补等各类加工,还可以重复使用,是培养锻炼学生造型能力的理想材料。但自然黏土的烧结温度很低,容易干裂、收缩,甚至出现裂缝和断裂,不利于长期保存,很多时候为了达到陶艺的创作要求,通常会选择一些加入了矿物质并改变了黏土物理性能的陶土。

图4-1　各类黏土

了解黏土的工艺性能是展开陶艺创作的基础,也是初学者认识黏土、了解黏土的起点。首先,黏土具有黏性,黏性是塑性的重要条件之一,不同的黏土其黏度会有所差异;二是可塑性,这是陶土加水后具备的性能,在施加外力的情况下,可以制作、修改需要的形态;三是结合性,可以在黏土中掺入色料,改变泥料的色彩和干燥强度;四是收缩性,黏土中水分蒸发会导致模型产生收缩,体积缩小,如果选用合适的黏土,形体收缩后也不会产生裂缝和变形,后期烧成过程也需要考虑黏土的收缩性质对形体的影响。五是烧结性,烧结是指黏土通过烧结而使其中的水分蒸发,逐渐由软性转化成硬度较高的石质形体。

4.1.2 学习制作黏土模型的目的

黏土模型制作是一个典型的集创造性与审美性于一体的创造性活动。黏土的造型、加工手法非常丰富、灵活多变,制作者可以通过利用各种不同的造型手法来表达自己的创想。通过形态与空间关系的处理,既可以表达制作者对自然形态的理解、归纳、夸张、延展,也可以展现制作者对社会生活状态的感悟、认识。就表现的形式而言,黏土模型亦可以表现出各种形态语言,如朴素、自然、高雅、典雅、恬静、沉重、唯美等。如此巨大的创作空间可以在很大程度上鼓励创作者不断地尝试从自然界中、生活中、其他艺术类型中去寻找创作元素,对空间关系、肌理表面、形态体量等设计要素有更为深刻的认识。

4.1.3 黏土模型制作的设备和工具

黏土模型制作过程通常分为多个步骤,每个步骤顺利的完成都需要相应设备和工具的辅助。按工业设计专业模型制作的需要,介绍以下设备及工具。

(1)工作台(图4-2)。黏土制作中首先需要和泥和揉泥,有时候也需要制作泥条、泥片等,这都需要一个大的工作台。工作台桌面以木质台面为最佳,因为木材具有一定的吸水性,且不容易造成黏土与桌面粘连。

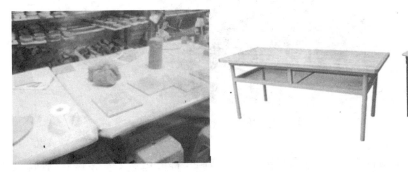

图4-2 黏土模型制作工作台

(2)真空练泥机。泥料从练泥机的加料斗喂入,在槽内受到不连续螺旋刀的破碎、揉练、混合后再次被推入前端的嘴形套筒。由于嘴形套筒的流通面积逐渐变小,泥料受到挤压,泥料中包含和附着的气体被真空泵抽吸排出(图4-3)。没有气泡的黏土通过加工成型以后,在后续烧制的过程中就不会因为气体膨胀而造成模型开裂。

(3)拉坯机。拉坯机是手工拉坯的主要动力设备,它主要用于制作和修饰同心圆状的模型

图4-3 真空练泥机

制品,如圆柱、圆锥等。传统拉坯机主要由木棍驱使或脚踏驱使,现在的拉坯机采用电机传动,还可以调节旋转速度,非常实用(图4-4)。

图4-4 拉坯机

(4)转盘。转盘在模型制作中很常见,很多材料的模型制作都能用得上。转盘有电动转盘和手动转盘两种类型,在模型制作课上选用手动转盘更合适,因为造价更低且适用广泛(图4-5)。转盘由台架和桌面两部分组成,制作黏土模型中它可以帮助制作者观察和控制黏土模型。

(5)雕塑刀。市面上售卖的雕塑刀一般整套出售,有五把、十三把、二十六把等规格,各种刀头的形状有尖、圆、平、锯等各种形状,其用途各有差异,既可以用于塑、刮、雕等造型加工,也可以对黏土进行堆、挖、削等,制作者可以根据自己的操作习惯合理使用(图4-6)。

(6)修坯刀。通过拉坯以后的形体表面不可能完全光滑,当黏土模型处于半干或者完全干以后就可以利用修坯刀进行表面修整,修坯刀的刀头形状有多种,制作者可以根据形体的需要选择合适的刀具(图4-7)。

图 4-5 转盘

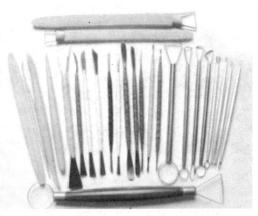
图 4-6 雕塑刀系列

图 4-7 修坯刀系列

(7)切割丝和钢丝弓。由于黏土本身具备相当的黏性,用普通的刀具切割容易粘连,切割面很难平整,因此需要使用特定的切割黏土的工具,即切割丝和钢丝弓。这两个工具可以很好地切割黏土,并使黏土与工作台面分离。

(8)辅助工具。黏土模型制作中需要使用的辅助工具很常见且作用很大,如毛笔(图4-8),在清理模型表面、上釉等过程中都可以用到;擀压棒(图4-9),可以用于制作泥片、泥板,它可以擀压泥板使其厚度均匀;喷水壶,黏土模型在常温下容易失去水分,失去水分的黏土其黏性会下降,为了维持黏土的湿度,常常用喷水壶(图4-10)均匀地向黏土模型喷水,在黏土模型放置时也可以使用湿抹布包裹以保证模型长时间的可塑性;还有各类刀具,如挖刀、刻刀、锉刀、木条等,这些工具都能在特定的制作条件下发挥作用。

(9)常见度量工具。黏土模型需要使用的度量工具有卷尺、直尺等。

(10)气泵和喷釉壶。气泵(图4-11)是模型制作后期表面处理中非常实用的设备,不论是喷油漆和喷釉彩,都可以利用其产生的气体获得不同程度的压强,喷釉壶(图4-12)利用这种气体的压力可以更容易地均匀上釉。

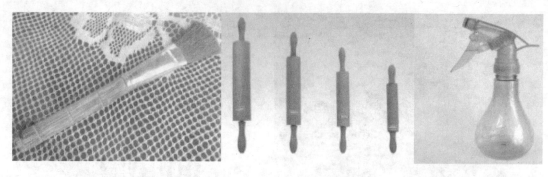

| 图 4-8 毛笔 | 图 4-9 擀压棒 | 图 4-10 喷水壶 |

| 图 4-11 气泵 | 图 4-12 喷釉壶 |

(11)窑炉(图 4-13)。烧制黏土模型的方式有多种,造价各异,一般而言,大专院校实验室多以电窑为主,因为其结构简单,操作方便。电窑实际上就是电炉,通过其中的电阻丝或硅

图 4-13 窑炉

碳棒加热达到1 000 ℃以上的高温,再采用具有保温性能的多晶棉或高温莫莱石及多晶轻质砖做内材,辅以隔间阻热技术,从而达到能满足烧制黏土模型的热效能。

4.2 陶艺创作的三要素

4.2.1 造型

黏土模型创作形式多变,成型技法多种多样,每种造型的技法都有各自的要求,只要能表达出设计者的初衷,既可以用一种造型技法来成型,也可以综合各种方式方法来创作。

4.2.1.1 拉坯造型

拉坯造型的方法在我国古代就已经普遍使用了,也是现代黏土模型制作中极为普遍采用的造型方式。这种方式对制造者的手工要求比较高,虽然学习拉坯的方法非常容易,但要做到完全的心手合一,完全表达出制作者对形体的理解,则还需要初学者长时间的练习。

拉坯成型是利用拉坯机产生的离心运动,在旋转的过程中,对泥料拉伸成型,所以一般这种方式制作的模型断面都为圆形。通常拉坯过程分为以下几个步骤:

(1)揉泥。从炼泥机取出与设计形体相应大小的泥块反复揉泥,手工揉泥是造型中不可或缺的一个步骤,一方面,通过反复揉泥,可以去除泥料中的气泡和杂质,防止烧结过程中气泡内的气体升温而引起炸坯;另一方面,揉泥过程还可以使水和泥土充分融合,增加泥料的韧性并使之软硬均匀;此外,通过揉泥还可以使制作者对泥料的柔性和硬度有切实的把握,太软的泥料拉坯容易,但制作大的形体就容易坍塌,而太硬的泥料拉坯费力且不易成型(图4-14)。

(2)摔泥。在拉坯机的上面洒一层薄薄的水,可以起到将泥团与拉坯机粘黏的作用,摔泥时尽量将泥团摔至拉坯机的中心点,这对于初学者非常重要。由于初学者对泥团的调整和控制能力还十分有限,偏离中心的拉坯很容易造成坯壁的厚薄不均,导致烧成后的模型碎裂(图4-15)。如果一次摔泥未成功,可以重复以上步骤。

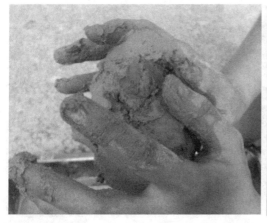
图4-14 揉泥

图4-15 摔泥

(3)拉坯。转动拉坯机到适当转速,用沾满泥水的双手握紧泥团,往中心方向均匀用力将泥团聚成圆锥形(图4-16)。然后将双手放置泥团底部,以同样的用力方法,往上缓慢拉伸和延长,再将双手放置泥团上部,以同样的用力方法将泥团恢复至原状,这个过程并不是为了成型,而是为了使泥团更柔软更有韧性,同时也利于制造者找到手感,为了后续更好地拉坯成形。如此反复多次以后就可以拉坯成型了,根据需要成型的形体开口的大小,将一只手的大拇指或拳头置于泥团的中心处,往下施力按压,用另一只手随拉坯机保护好形体,以保证形体的厚度均匀。随着开口面积的增大,深入手指探到泥团内合适的深度(图4-17)。再根据形体的需要进行局部的收缩变化,最后,利用手指和工具按照所需要的口径大小完成形体收口的处理,收口时需要注意手的位置、力量的大小和拉坯机的转动速度。整个拉坯过程中务必保持整个形体的壁厚均匀以及形体外轮廓的完整流畅。

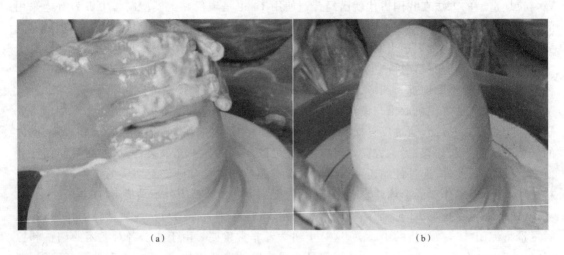

(a) (b)

图4-16 拉坯成圆锥形

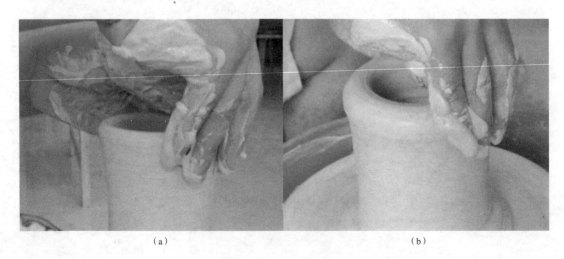

(a) (b)

图4-17 拉坯成形

(4)修坯。如果形体表面要求很高,就需要使用拉坯机和金属工具进行修整。修坯过程讲究手法,即使需要削去的泥比较多,也不能一步加工到位(4-18),否则容易造成厚度不均,甚至损坏造型,因此通常是通过加工多遍达到预期效果。对于初次尝试的学生难度比较大,在工业设计领域主要重视学生造型能力的提高,对于纯手工艺制作的水平往往不会要求太高。

图4-18 逐步修坯成形

4.2.1.2 泥条成型

泥条成型是通过使用搓好的泥条层层盘筑成型的加工方法。这种成型方式最大的特点在于可以通过改变泥条的形状或者盘筑的方式而获得不同的外观肌理效果和形式造型,如通过掐捏得到的水纹肌理、粗细不同的泥条盘筑露出泥条的衔接部分而获得的韵律肌理、泥条盘筑中不断增大缩小而获得的不同大小的截面。泥条成型的方法比较容易加工，灵活性也很强，加工过程分为三步：

(1)制作底板。首先准备一块干净的木板或密度板，在上面铺上一层吸水布，这将作为泥条盘筑时的底板。

(2)制作泥条。根据需要成型的对象捏出适量的泥团，再搓制成粗细合适的泥条。

(3)泥条盘筑。在底板上从下向上盘筑泥条，泥条与泥条之间用泥浆黏结。盘筑过程中要注意以下几个问题：①不能一次将泥条盘筑得太高，一定高度后需要等待泥条干燥一点再继续向上盘，否则造型可能会坍塌；②一定要保证盘筑泥条之间紧密结合，从造型的内壁观察，每一层泥条都是结合成一体，而造型外壁可以根据外观效果的不同要求，选择黏结或者保留接缝；③每层泥条黏结的位置不能在同一个线条上，否则可能形成断裂的线面。

4.2.1.3 泥片成型

泥片成型就是利用泥片链接的方式来成型。这种加工方式十分灵活，既可以形成肌理、浮雕，也能够进行各种创意造型。不过，这种加工方式相对泥条造型、拉坯造型而言成型更困难，泥片的结合也更难掌控。针对不同的造型要求，泥片成型的步骤会有些许的不同，但是都需要完成如下几个步骤：

(1)备料(图4-19)。先在工作台面上铺上一层棉布来防止泥片与工作台面粘连，用手将揉好的泥料拍成饼状，用擀压棒将其擀成厚度均匀的泥片，并将其置于干报纸或干布上干燥备用。

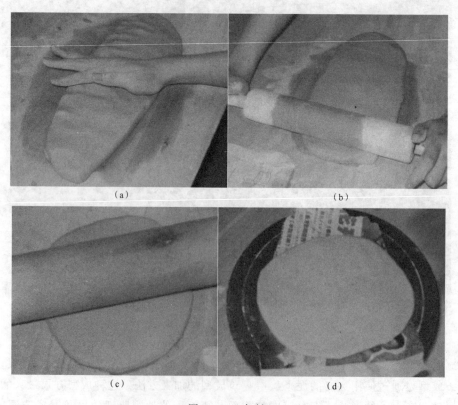

图4-19 备料

(2) 修整与切割。用工具将泥片修整至厚度均匀且表面光滑,用直尺度量出合适的大小,如果是圆形或不规整的形状,就需要用纸片制作参考板来进行比对并切割(图4-20)。

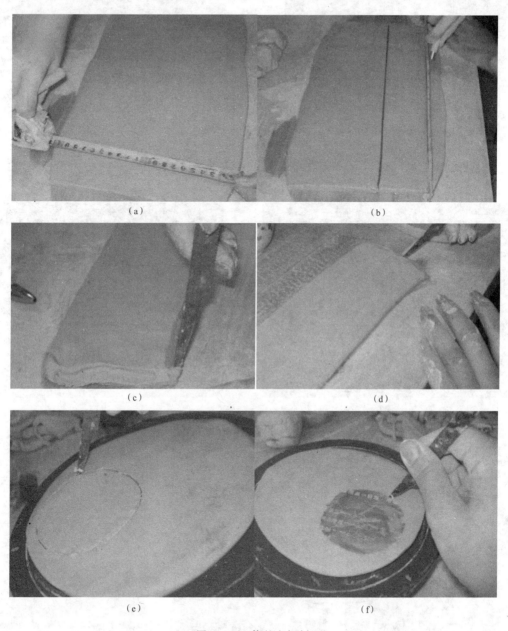

图4-20 修整和切割

(3) 刻画与黏结。在用于制作底面的泥片上用工具在需要黏结的位置画上记号,待泥片干燥到一定程度以后即可用泥浆黏牢。黏结中泥片的干燥程度非常关键,泥片太软无法支撑且容易坍塌,泥片太硬则无法黏牢(图4-21)。

4.2.1.4 翻模成型

利用石膏注浆来翻模成型是工业生产中很常用的成型方式,在石膏模型的制作中也运用

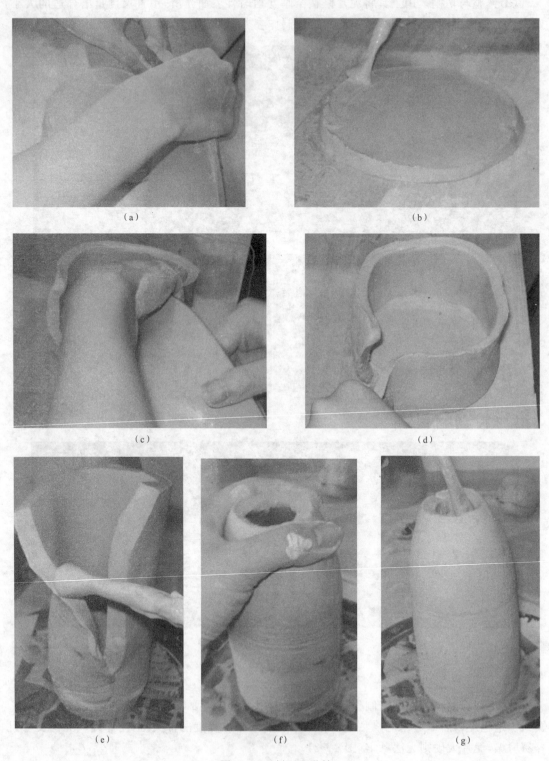

图 4-21 刻画和黏结

这个方式,相对于其他造型方式而言,它更能掌控各类不规则形式。

(1)模具设计。依据需要制作的形态,首先要考虑怎样设计模具最合适,脱模是制作模具的关键,一定要保证模具能够完整顺利地脱模,不能出现多处的挂模,因此设计好模具是在动手制作之前必须完成的工作。设计模具时需要注意几个常识性问题,一是确定需要几块模具,模块越多,需要黏结的部位就增多且费时费工,造型非常复杂的情况下,可以考虑利用概括形体的方法处理或者结合后期雕刻成型的方式加工模具;二是分模线的位置要确定合适,既不能让分模线处在形态的小部件、小细节特别多的位置,又需要保证脱模时的方向尽量垂直于分模线。

(2)制作模芯并划出分模线。根据设计图纸,用陶土制作出模芯(图4-22),翻制模具之前需要对模芯的外表面除尘保湿,再根据设定好的模块区分标示出分模线。如果是完全对称的形体,分界线往往处于对称轴位置(图4-23),如果是非对称形体,分界线的位置就需要反复推敲,力求以最易加工的方式达到成型要求。标示分界线时需要注意以下几点,一是划出分界线时须保持模芯的稳定;二是分界线可以根据造型的需要划出,它可以是弯曲的;三是确保主视面的完整。

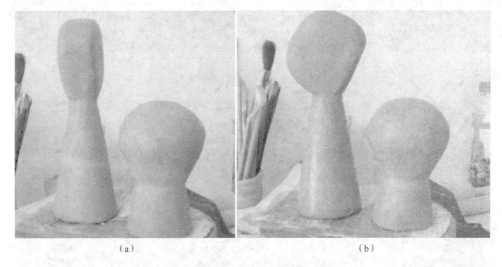

图4-22 制作模芯

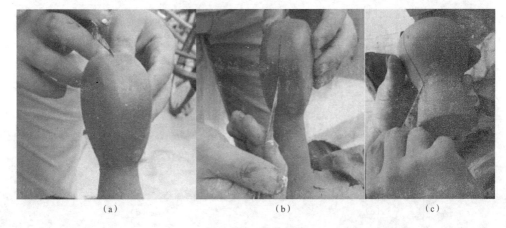

图4-23 找分界线

（3）制作泥范。在加工台面上将模芯放倒（图4-24），再沿分模线在其下方垫泥，垫泥保持与分界线水平，且保持与分模线部分紧密结合（图4-25），垫泥上方用工具抹平并在上方打几个合模孔（图4-26），以方便上下两个模具能完全对应且不至于移位。铺好泥垫之后就可以进行边缘围筑，可以用于边缘围筑的材料很多，如纸板、木板、泥板等，其目的都是为了防止后续灌浆过程中石膏浆的溢出，围筑的高度决定了模具的厚度，厚度太大或太小都不合适，在保证模具吸水率的前提下根据造型的厚度来决定围筑高度。

图4-24 放倒模芯

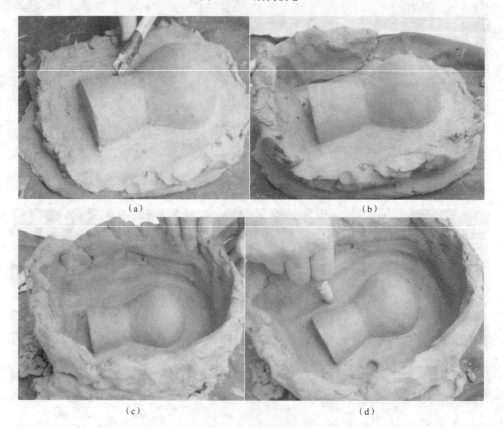

图4-25 垫泥

第四章　黏土模型的制作 · 59 ·

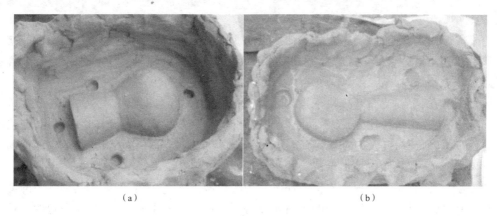

(a)　　　　　　　　　　　(b)

图 4-26　打孔

(4)浇注模块。用羊毛刷在制作好的泥范内侧涂上薄薄一层肥皂水,以便浇注制作的石膏模具能与其顺利分离。将石膏与水按 1∶1 调和,将调好的石膏浆缓慢注入到泥范内,用小木棍轻搅泥浆以去除气泡。如果使用的是快干石膏,静待 30min,再将整个模块倒置并刮掉泥围栏和泥垫,修整模芯。采用上述方式制作另一面的泥范,涂上肥皂水以后注入石膏浆,待干燥 20min 后,用工具将两块石膏模块凿开分离(图 4-27)。

(a)　　　　　　　　　　　(b)

(c)　　　　　　　　　　　(d)

图 4-27　浇注模块

4.2.1.5 注浆成型

注浆成型方式有两种,一是制作实体造型的实心注浆,二是制作空心形体的空心注浆。不论是哪一种都需要运用模具成型的方式制作石膏模具,模具制作的优劣将直接关系到最后的成品效果。

(1)注浆与倒浆。待石膏模块干燥以后,将内壁清扫干净,调均泥浆并去除其中杂质和颗粒,从石膏模块孔中缓慢注入泥浆,防止气泡产生,泥浆完全渗入到石膏模块中以后,泥浆的水平面会逐步下降,此时应及时补浆,直至达到需要的厚度。当石膏模块吸附了一定厚度的泥浆后,就可以将石膏模块倾斜倒出余浆。

(2)脱模与修整。用一根小木棍从注浆孔中轻轻敲击内部泥坯,如果感觉到其中的泥浆已经完全干硬,就可以依据模块灌制的先后顺序将石膏模块打开得到泥坯,利用泥塑的各种小工具消除掉结合部分的分模线,黏结各类小部件,通过洗水等工序以后将泥坯阴干放置。

4.2.1.6 印坯成型

印坯成型与注浆成型一样,都需要石膏模具的支持,印坯成型主要是通过按压的手法将泥片填入到石膏模具的内部,再通过合模的方式封闭泥片,获得预期的形式。

(1)制作泥片。制作泥片的方法与泥片成型中介绍的一样,需要先在工作台面上铺上一层棉布来防止泥片与工作台面黏结,用手将揉好的泥料拍成饼状,用擀压棒将其擀成厚度均匀的泥片。

(2)印坯。将石膏模块清理干净以后,用一块湿布垫在手指下方,将泥片印制到模块的每一个部分、每一个角落。如果印制的面积比较大,且泥片比较薄,则容易在烧制中坍塌,这时可以用泥条制作一些支撑结构来加固,在边、角和转折处也常常需要泥条作结构支撑。

(3)合模与开模。泥条在石膏模块内部压印的工作完成以后,在石膏模块的边缘部位抹上泥浆就可以进行合模。等待一段时间,泥坯和石膏模块脱离以后,就可以开模得到设计制作的形体。

4.2.1.7 综合成型

在实际的创作过程中,绝大多数情况下都是以一种造型方式为主,其他一种或多种方式为辅来进行设计制作,而且一个成品常常是由多个部件粘连组合而成,每个部件所采用的成型方式有时候也存在区别,所以,综合成型方式也普遍采用。

4.2.2 肌理表面处理

陶瓷表面肌理的处理方式非常多,不同的表面处理手法会造成不同的肌理效果,制作者可以在了解这些肌理制作的前提下,发挥自己的创意综合操作。改变泥土表面肌理效果的方式分成两种:一是手工制作的肌理效果,二是改变泥料配方从而获得的肌理效果。对工业设计专业的学生而言,在模型制作的课程中去研究泥料的化学属性不太现实,学习的重点在于发挥主观能动的创造性,通过各式手工技法来实现创意。

(1)印压。所谓印压是用各种不同的材料在湿泥坯上印压,从而得到似同材料表面形式相似的肌理效果。材料不受限制,设计者可以根据自己的创想发挥想象力,既可以是单一材料的印压,比如树枝叶、纽扣、麻花刀头、刷子、麻绳、锉子、项链等,也可以是任意两种或多种组合材料的印压。

(2)刻与雕。运用雕刻的方式来改变泥土表面的肌理效果是现代设计的常用技法。首先用铅笔在坯体的表面轻轻勾画出需要刻画的形态,用喷壶在其表面喷上一层清水,用斜面刻刀采用半插刀的方法刻画纹样,刻画中一定要注意用刀的力度和刻画线条的宽度,如果刻画的纹样如同花卉等画面效果,就需要将外轮廓或者主线条刻宽、刻深,而将细节部分刻浅刻窄,以体现出画面的层次使其更为生动。如果需要刻画的纹样是几何规则纹样,就需要注意保持每一个几何形态间纹样的规整。

如果希望得到虚实相映的表面效果,就需要使用到透雕的装饰手法,在保留纹样的前提下,通过去掉部分泥土,体现出作品的"内空"特点,从而得到虚实并存的空间对比。与刻画的方式一样,首先使用铅笔在坯体的表面绘制出画面,并在坯体表面喷上一层水以保持坯体的湿润,再用刻刀将纹样和空间加以区分,并用锋利的小刀将镂空的部分全部剔透。透雕相对于刻画而言,更需要注意一些细节问题,一是镂空的位置最好控制在坯体的中上部,且面积不能过大或过于集中,否则可能造成坯体无法承受而坍塌;另一方面,镂空部分的转角一定要尽可能为倒圆角,且角度越大越合适,直折角极容易在烧制中开裂。

(3)贴纹。通过捏制各种个性化的纹样装饰在泥坯表面上的表现形式即是贴纹。先将作品中需要贴的全部纹样捏制好并用干净的湿布包裹备用,将未干的拉坯或者其他加工方法制作好的泥坯稳定地放置在工作台上,用陶针在泥坯上粘贴部件的位置和捏好的纹样的背面打毛,涂上泥浆以后将纹样贴上。贴纹的方式非常灵活,可以根据设计者的需要形成多样的创意形态,但是贴纹的方式仍然需要注意一些问题:一是贴纹样的时候注意用力恰当,轻轻压在泥坯的表面,但是相互之间不能有空隙,否则烧制中极易脱落;二是贴制过程中要始终保持纹样和坯体的湿度,否则也容易脱落;三是纹样不能制作得太厚重,否则泥坯表面有可能无法承受纹样的重量而滑落。

4.2.3 色釉

一件已经具备了造型与肌理两个美学要素的陶艺作品,如果再能合理地施釉和烧制,就更能充分表达出作者的艺术构思,达到更佳的艺术境界。

施釉技法的历史悠久,它不仅能提高陶艺本身的物理性能,防止渗水和透气,更能极大程度地提高陶艺作品的审美水平,比如使陶艺作品的表面平滑光亮、色彩丰满或者特定表面装饰效果等。市面上提供的釉彩种类非常多,如果按烧制的温度来划分,可以分为低温釉、中温釉和高温釉,仅仅颜色釉又可以分为单色釉、结晶釉、裂纹釉、花釉、无光釉、流动釉等。对于工业设计专业的学生而言,对施釉的认识程度要求不太高,可以通过在基础釉中加入一定量的色基,两者比例约为 $1:0.003 \sim 1:0.06$,通过反复实验改进配比得到合适的色釉。施釉技法的选择需要根据制作的陶艺作品的大小和特点来决定,但是无论选择哪种技法,施釉前都需要对坯体的表面进行清理,可以用排笔轻扫,也可以用常见的沐浴海绵在表面湿抹,这一过程即为补水。常见的施釉方法有以下几种,制造者可以根据实验室设备的情况和自己的需要酌情处理。

(1)浇釉。如果形态比较大或者形态不容易把持,就可以采用浇釉的方式;将泥坯稳定放置在支架上,用容器盛满釉料均匀浇于泥坯表面。

(2)浸釉。将完全干燥的或者是素烧过的泥坯通过完全浸入的方式均匀上釉,这种方式尤为适合小型作品,可以保证泥坯的内外壁同时上釉,浸入的时间越长,釉层的厚度越大,操作者可以根据自己的要求合理控制浸入时间。

(3)喷釉。和塑料模型制作一样,利用喷枪的压力来喷漆或者喷釉,可以达到釉面均匀密实的效果,是非常理想的一种施釉方式。这种方式首先需要一台空气压缩机,制作人的技法也至关重要,因此,对于初次接触到陶艺创作的学生来说,采用该方式容易出现釉面缺陷。

(4)刷釉。如果陶艺作品需要施以不同釉料,可以使用排笔在泥坯的表面根据自己的设计需要刷出各种不同的釉面。

除以上施釉方法外,陶艺表面施釉技法的创造空间还很大,比如吹釉、综合施釉法等都能获得特殊的表面装饰效果。由于本教材主要为工业设计专业学生造型能力培养的需要而编写,其他施釉技法在此就不赘述,如果读者对陶艺非常感兴趣,还需要从艺术表现的基础开始进行大量的练习工作。

第五章　塑料模型的制作

5.1　塑料模型制作概述

5.1.1　塑料的成型特性

塑料是现代工业生产中的常用材料,在工业设计教学中用来制作设计模型的塑料主要有以下两类:

一类是泡沫塑料,硬质聚氨酯泡沫塑料是由大量气体微孔分散在固体塑料中形成的一类高分子材料,具有质量轻、隔热、吸音、减震等特性。而对于模型制作而言,虽然该材料强度不高、且无法通过加工获得精细的形态,但其质轻、易加工且性质稳定,使得它可以用于制作模型的内实体,比如油泥模型的实体。还有一种通过配置两种发泡塑料溶剂获得的泡沫塑料,也具备类似于硬泡沫塑料的性质,但可以通过液体配置的比例和容器的大小来控制塑料的密度,由于成本相对便宜且极易加工,所以常用于制作概念模型。

另一类为板材塑料。常见用于模型制作的有PVC、ABS和有机玻璃。PVC主要成分为聚氯乙烯,另外加入其他成分来增强其耐热性、韧性、延展性等。它是当今世界上深受喜爱、颇为流行并且也被广泛应用的一种合成材料,它在人们的日常生活中随处可见,且可以表现出自然界和人们幻想中的各种颜色。在德国,甚至40%的家具都是用PVC来作表面材料的,且色泽自然、色彩华丽。我们在模型制作中既可以使用PVC板材(图5-1)进行热压成型,也可以直接使用市面上售卖的PVC管材,这种材料的耐火温度为65℃~80℃,厚度1~25mm。

图5-1　PVC板材

ABS工程塑料一般是不透明的,外观呈浅象牙色、无毒、无味,兼有韧、硬、刚的特性,是20世纪40年代发展起来的通用热塑性工程塑料,是一个综合力学性能十分优秀的塑料品种,不仅具有良好的刚性、硬度和加工流动性,而且具有高韧性特点,可以注塑、挤出或热成型,且加工尺寸稳定性和表面光泽好,容易涂装、着色,还可以进行喷涂。在工业设计模型制作中,通常利用ABS板材(图5-2)64℃~124℃的变形温度,将其挤压、弯曲和伸长来制作产品的展示模型或者是样机。

有机玻璃(图5-3)是目前最优良的高分子透明材料,透光率达到92%,比玻璃的透光度高,在工业设计模型制作中常常利用这种透明度来制作灯具等产品。除此以外,有机玻璃的机械强度比较高,抗拉伸和抗冲击的能力比普通玻璃高7～18倍。即使用钉子钉有机玻璃,钉子穿透了,有机玻璃上也不一定产生裂纹,且易于加工,有机玻璃不但能用车床进行切削,钻床进行钻孔,而且能用丙酮、氯仿等黏结成各种形状的器具,也能用吹塑、注射、挤出等塑料成型的方法加工。因此,在模型制作中,有机玻璃的可塑性也很强。

图5-2 ABS板材

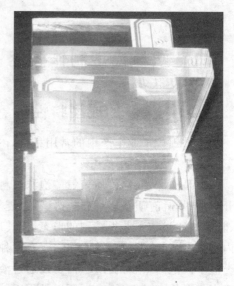
图5-3 有机玻璃

5.1.2 学习塑料模型制作的目的

模型制作是产品开发设计的一个阶段,因此模型实验课不应该理解为一个单纯的手工课,而是一个培养学生设计能力的一种有效手段。实践证明,在模型课程中,通过引入一个完整的课题,即从设计定案到最后模型完成的授课方式,对培养学生的形态把握能力帮助很大。当然对于工业设计学生,无论使用哪种材料制作模型,模型实验都能有效地帮助学生分析和掌握产品的功能和特性,启发学生的设计灵感,开拓他们的思维。而由于塑料本身的易加工性,在模型实验课中扮演非常重要的角色。

塑料是现代工业生产中应用最广泛的一种材料,通过制作塑料模型,可以对塑料材质的属性有一个非常全面的认识。这对于以后设计工作中应用塑料这种材质非常有帮助。

其次,塑料这种材质非常适合制作模型,如电视、烤箱、相机、3C产品等很多日常生活用品,都可以使用塑料将模型完成,这就非常有利于学生在设计中将二维思维描述(平面设计草图或设计效果图)与三维思维展示(造型表达)这两种形象思维交互转换、相互沟通以及不断渗透深化。

塑料模型的制作涉及到很多工艺加工的问题,比如如何切割、如何打磨、如何修正等,实际上,在没有真正开始动手做模型之前,这些问题是在平面图纸上无法了解的,或者说还是仅仅停留在纸上谈兵的阶段,而通过模型制作的过程可以帮助学生发现很多设计中存在的问题,从结构、形态、功能多个方面更全面地认识自己的设计,通过设计与工艺加工相结合,培养对"有限制的设计"的认识和理解,以更恰当的方式培养学生的创新意识,在加强学生形体控制能力的同时,将所学知识创造性的运用其中,实现工业设计中艺术与技术的结合、知识与现实设计的融合。

在塑料模型实验课上,有时候需要学生分成2~3人的小团队,很多手工制作的过程需要多人的合作,而且,从教学效果的反馈来看,小团队的模式更利于方案的沟通和完善,因而通过塑料模型制作这样一个过程能够加强学生在设计工作过程中与其他人的协作能力,为学生在今后进入社会时更快、更融洽地融入企业的设计群体打下一个坚实的基础。

5.1.3 制作塑料模型所需的材料、常用设备及工具

塑料虽然强度不大,但是为了获得比较精确的加工效果,还是需要使用到机械设备,而且,实验课程中制作的塑料模型,很多都是由多个制作的部件粘贴组合起来的。通常,在制作之前都要有尺寸图,这是整个模型制作过程中的重要尺寸依据,如果在加工中出现太大的尺寸误差,就很难最终获得良好的模型效果。因此,在塑料模型制作过程中一定要严格控制尺寸误差,合理、正确地使用各类设备和工具。

(1)机械设备工具。塑料强度并不是很大,对其加工的机械设备也都是常用设备,对塑料加工需要使用到的设备大致都要满足以下几个方面的加工要求。

1)切割类。塑料切割可以通过工具完成,也可以利用设备来完成。通常,手工切割工具就是勾刀和美工刀(图5-4),两者一般都是直线切割,区别在于勾刀用于切割、下料,而美工刀一般用于精修工件边缘。特别需要注意的是:不能使用美工刀下料,原因有两个:一是塑料强度较大,美工刀刀片很薄,在切割过程中容易下刀不稳,左右摇晃,导致刀片折断飞出,容易发生安全事故;二是美工刀不可能垂直切割塑料,会造成塑料边缘的斜切面(图5-5)。如果是利用设备进行切割,就可以利用手工锯

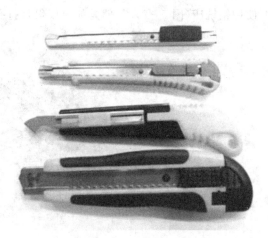

图5-4 勾刀与美工刀

(图5-6)和电动曲线锯(图5-7),电动曲线锯在模型制作课程中是必不可少的设备之一,毕竟模型制作实验中需要进行曲线切割的情况时有发生,如果没有曲线锯的帮助,完成起来会非常困难。

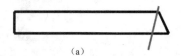
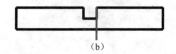

图5-5 美工刀片(a)和勾刀片(b)下料截面

图5-6 手工锯　　　　　　　　　图5-7 电动曲线锯

2）切削类。如果需要使用到回旋体，如模型中需要配备的一些按钮等零部件，就需要使用车床来进行加工，现在市面上有专门供学生实验课程使用的车床（图5-8），体型不大却已经完全能够满足工业设计模型课的使用，非常适用。而如果需要使用打孔、铣边、铣槽等那就需要使用钻铣床（图5-9）了，但是如果仅仅是打孔，有一个手电钻（图5-10）就很实用了。

图5-8 学生实验用车床

图5-9 钻铣床　　　　　　　　　图5-10 电钻

3)打磨类。塑料密度并不是很大,非常适合打磨,而且模型制作中为了尺寸的精准,常常也需要使用到打磨。打磨分成两类:一类是为了尺寸的需要而打磨,这种情况需要使用砂轮机(图5-11)或修边机(图5-12),砂轮机打磨速度非常快,加工过程中会产生大量飞屑,使用中必须戴防护眼镜,而修边机主要是利用各种各样的磨头修整成需要的形状边缘;另一类是为了抛光的需要,当然可以使用抛光机,但是抛光机需要有经验的技师指导操作,如果不使用抛光机,在模型实验课中,手工使用砂纸打磨抛光也是可行的方法。

图5-11 砂轮机

图5-12 修边机

4)加热类。塑料需要将其加热到一定程度软化以后方能成型,这是制作塑料模型的基本原理。所以,在塑料模型的制作中,加热设备必不可少。加热分成两种:一种是整个材料的加热,这是塑料模型制作中的一个阶段;另一种是局部加热,这主要是成型以后的修补阶段需要局部软化。对材料整体进行加热,需要使用的设备是烘箱或者是红外线干燥箱(图5-13),且最好可以恒温,因为塑料软化通常需要在100℃左右加热20~35min。局部加热使用热风枪(图5-14),如模型倒角的位置、边缘处理等。

图5-13 红外线干燥箱

图5-14 热风枪

(2)辅助工具与材料。除了上述的一些机械设备外,塑料模型的制作还需要使用到一些常见的辅助测量工具和手工制作工具,因为模型本身的过程本质就是一个心手合一的过程,大量的依靠手工完成的工作是必不可少的。

塑料模型制作中的辅助测量工具和制作其他种类模型中用到的并无特殊，如卷尺、游标卡尺、量角仪、高度尺、画规等。

手工制作的工具虽也很常见，但使用率却极高，可以说整个塑料模型的制作过程中各个阶段都要用上。如手工锯、各种大小、规格的锉刀（图5-15）、整形锉，它们可以用于塑料模型的下料、锉平、倒角、倒边、修边等。还有台钳（图5-16），固定工件以便加工。另外，三氯甲烷溶剂（图5-17）和玻璃注射器，这是用来粘合有机玻璃和ABS塑料的，当然市面上也售卖很多粘合剂，也可以选用与制作材料性质吻合的粘合剂，但是三氯甲烷溶剂的优点也很明显，不仅粘得牢，还可以做到无缝。特别要说明的是，三氯甲烷溶剂有剧毒，使用过程中一定要注意避免进入皮肤，注射器最好是选用玻璃的，耐腐蚀。

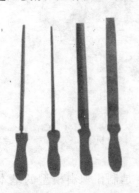  

图5-15　各式锉刀　　　　图5-16　台钳　　　　图5-17　三氯甲烷溶剂

5.2　抽纸筒的设计与制作

5.2.1　课题的设定

塑料模型课时通常为48个课时，完成设计定案到模型的完整过程，考虑到课时的限定，制作的对象往往拟定为一个十分具体的事物，如火炬、餐杯、音响等，在这里拟定的设计改良对象为"抽纸筒"。

在工业设计课堂上，学生非常容易进入一个设计观念的误区，即认为"设计的突破仅仅依靠新技术的附加，高新技术的特色是成就设计发展的唯一途径"。而事实上，任何产品的产生、发展与消亡皆由于生活的需要，从某种角度上来说，技术是设计发展的动力之一，但是技术的积累与爆发需要时间，在技术尚未爆发的技术平台期，设计的动力更主要在于对生活的体验，对新的社会、新的时代、新的技术、新的观念下新的需求的思考。

"抽纸筒"的改良不需要融入新技术，只注重人与物、人与环境的沟通，从产品的使用环境出发，力求寻找到最恰当的"放—抽—取"的行为动作方式，创造全新的产品形态语言。

5.2.2　设计构想的定案

在进行设计构想之前，对目前生活中存在的取用纸的产品进行调查，大致分成如下几种（图5-18）。

第五章 塑料模型的制作

图 5-18 多样化的创意盒

5.2.3 定制阴、阳模

从设计的定案出发制作模型,首先需要对模型的结构进行划分,一般而言,一个塑料模型往往都需要划分成若干模型,依次加工成型以后,将其组合粘贴成最终模型。通常,分块的方式有很多种,分块的标准是在保证模型结构合理存在的情况下,尽量分块少且易加工,如图5-19的制件,其形态实际上就至少可以有A组和B组(图5-20)两种模块划分方式。因此最好的定案都要经过小组认真的反复讨论。

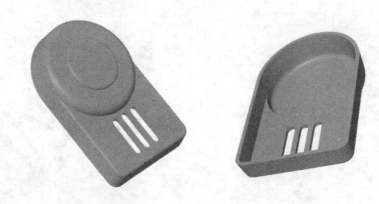

图5-19 待完成模型

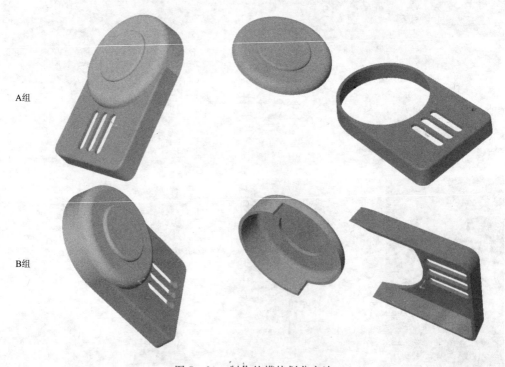

图5-20 制作的模块划分方法

而针对抽纸筒的形态特点(图5-21),现将其分成以下两个模块,分别为模块A(图5-

22)和模块 B(图 5-23)。模块 A 是典型的曲面形体,需要制作母模再加热塑料板材热压成型,制作母模的材料最好选用密度板,密度板强度大,加工也比较容易,即使没有什么木工经验,也能利用工具进行简单的加工。

图 5-21　抽纸筒

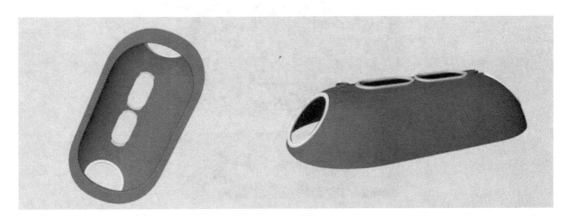

图 5-22　模块 A

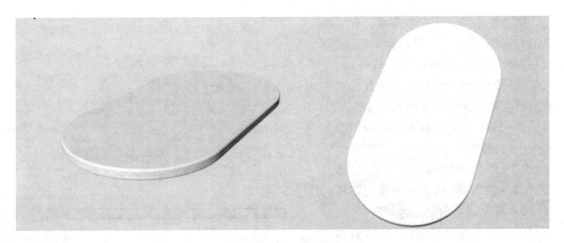

图 5-23　模块 B

模块 A 的制作：

第一步，确定准确的尺寸，绘制六视图(图 5-24)。

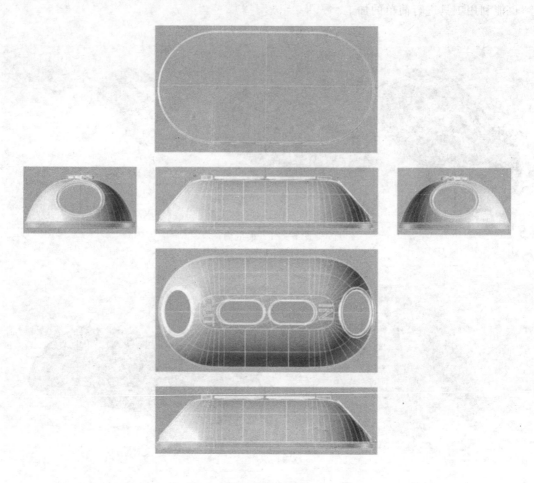

图 5-24　六视图

第二步，下料，制作参考板。有了准确的六视图，就有了下料的数字依据，可以根据尺寸直接在塑料板上放样，也可以借助较为规范的放样板准确放样。下料的尺寸要比放样尺寸的长和宽各至少多出 5~8cm，因为塑料在加热以后会萎缩变小，且精加工也需要一定的加工余量(图 5-25)。利用各种度量工具，如直角尺、游标卡尺等，确定好需使用材料的尺寸，可用刀划下小的记号(图 5-26)；再利用钢尺连接记号点，留出勾到的位置，紧紧按住钢尺使其不能产生偏移，将

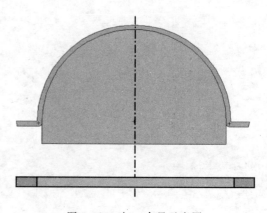

图 5-25　加工余量示意图

勾刀紧贴在直尺的一侧,拖动勾刀沿钢尺从上到下反复连续勾画几次(图5-27),此时可以移开直尺,继续使用勾刀反复勾划直到划痕深度达到材料厚度的一半,即可以将材料移至到工作台边缘,将废弃材料一端悬空,并用力拍打至断裂(图5-28),或者将需要的材料在钳台上夹紧,用扳手掰开废弃的板材(图5-29)。

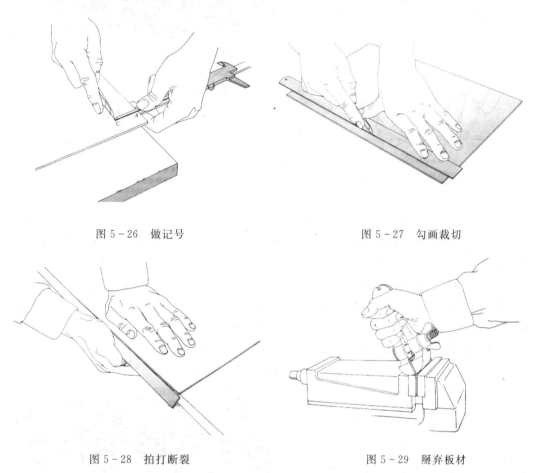

图5-26 做记号　　　　图5-27 勾画裁切

图5-28 拍打断裂　　　　图5-29 掰弃板材

因为模型A为曲面形态,需要制作阴、阳模,为了保证形态的精准,制作参考板(图5-30)是非常必要的,作为重要的辅助定位工具的参考板,可以选用有机玻璃在数控加工中心完成,或用数字雕刻机加工完成,得到的模板更为精准,如果条件不允许,也可以选用易加工的材料,如薄木板、硬纸板等材料手工完成。针对模型A,因为曲面是标准的规则曲面,即可以从六视图中获取用于制作参考板的数据(图5-31),通过运用前面介绍的方法,制作好参考板。

第三步,制作阴模与阳模。制作阴、阳模的材

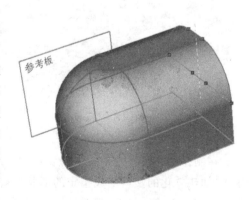

图5-30 制作参考板

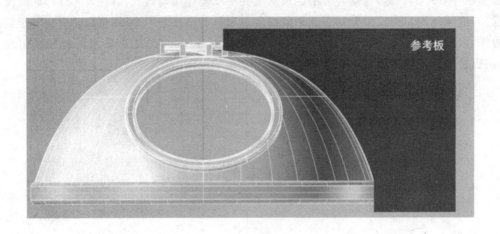

图 5-31　通过六视图制作参考板

料可以选用石膏或者木材,在本实验中选用的是密度板(图 5-32),其优势有三点:一是强度大;二是易加工;三是加工时间快,不用像石膏模一样需要等待时间干燥。市场上售卖的密度板厚度有 3～25mm,实验过程中可以根据模型的需要选择合适厚度的密度板来加工。通常,一层密度板的厚度不足以达到要求的时候,可以用白乳胶粘多块密度板来增加厚度,在需要粘合的密度板上涂上薄薄一层白乳胶,白乳胶不要涂太厚,否则不容易干透,将多块叠好以后,用水平重物压住,等待其完全干透以后形成一个整体(图 5-33)。要注意的是,实践表明:塑料制作曲面时,其曲面越高,厚度越大,加工难度越大,拔模越困难。

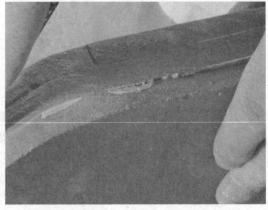

图 5-32　密度板　　　　　　　图 5-33　粘贴密度板

在制作阴、阳模之前,首先需要对塑料的热加工原理有一定的了解,通过阴、阳模的内外作用,将加热软化的塑料变成指定的形状,待冷却后取出塑料件。阴、阳的形式应该是什么样取决于需要加工的塑料件,同时还需要兼顾到拔模的可行性。最容易压制的曲面通常为曲面厚度不高的单一曲面(图 5-34),针对这样的曲面,就可以采用如图 5-35 所示的加工方式。

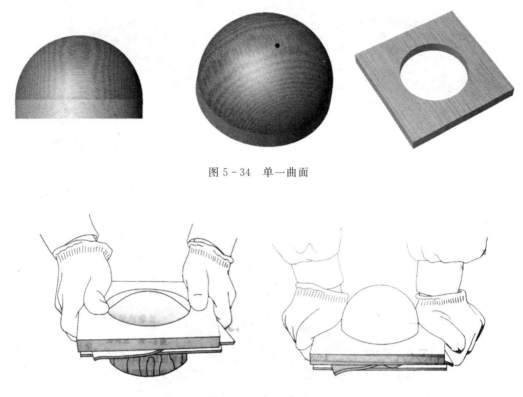

图 5-34　单一曲面

图 5-35　加工曲面

但是，如果曲面不是单一的光滑曲面，而是出现了两个曲面的形式（图 5-36），阴模与阳模的制作就更难一些，针对这种情况，一是要保证阳模（图 5-37）制作的准确性，二是要制作能够良好加工的阴模（图 5-38），对于如图 5-36 所示的情况，就需要阴模在两个面上施力才能成型。在制作过程中，一要保证尺寸的精确性，二要保证制作过程中阴模与阳模的良好配合（图 5-39）。

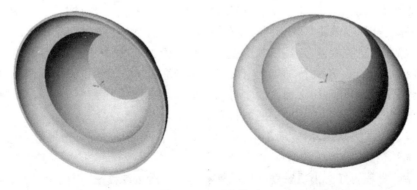

图 5-36　两个曲面

图5-37 阳模

图5-38 阴模

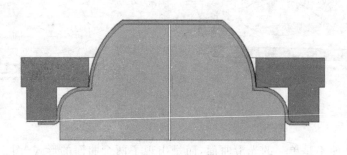

图5-39 加工方式

抽纸筒的最终定案与第一个例子十分相似,同样属于比较容易加工成型的定案,其制作方法也与第一个例子基本相同。下面介绍的是制造阳模的程序与方法。

(1) 首先根据六视图的尺寸制作一个模板(图5-40),案例需要制作的阳模的厚度远远大于密度板的厚度,因此,需要几块相同大小的密度板叠加,制作模板的目的是为了使每一块待加工的材料都有相同的参考标准,以减少误差。制作模板的材料很简单,有机玻璃板、硬纸板都常用。在模板的帮助下,在待加工的密度板上用铅笔绘出边缘线。从上面两个例子中,都涉及到一个需要注意的问题,通常加工的塑料板材下部都有扭曲和变形,是需要裁切掉的部分,因此,阳模的高度一定要大于需加工的塑料件的高度。

(2) 开料。根据边缘线,用电动手锯(图5-41)或手锯(图5-42)先将密度板裁切成小块(图5-43),这样很容易后期的精确加工。

(3) 粘贴。将裁切好的小块密度板用钢锯和木工锉沿边缘修整,再使用白乳胶将密度板粘贴到需要的高度,放置在钳台夹紧,待白乳胶干透以后,再使用钢锯和锉刀对阳模统一修整(图5-44)。

第五章　塑料模型的制作

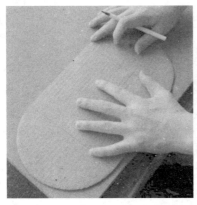

图 5-40　制作模板

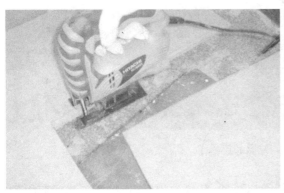

图 5-41　电动手锯　　　　　图 5-42　手锯

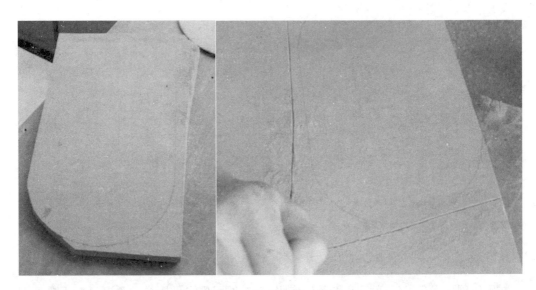

图 5-43　裁切第一步

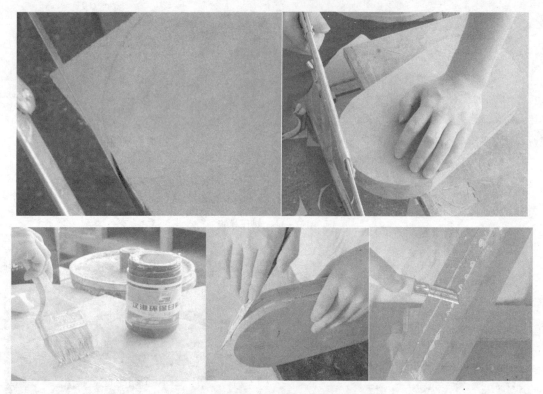

图 5-44 粘贴并修整

(4)在参考板的帮助下,通过运用木工锉、金属板锉、什锦组锉、修边机等工具对阳模的粗胚进行倒角、倒圆、修边等加工处理,逐渐加工至符合参考板的标准,达到需要的形式要求(图5-45)。

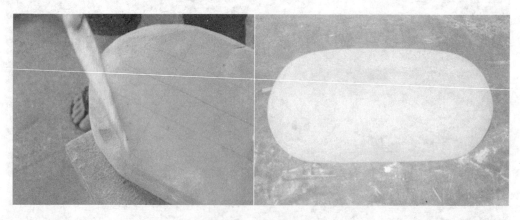

图 5-45 修整阳模

在阳模制作完成以后,就可以开始制作阴模,先做阳模再做阴模的顺序最好不要颠倒,因为阳模与阴模之间一定会有缝隙,这个缝隙的大小由塑料板材的厚度来决定,阳模四周与阴模之间的缝隙以刚好可以容纳塑料板为宜,而通常情况下,阳模加工难度更大,所以制作中常常以完成好的阳模为基准来留出塑料板的厚度。定案的抽纸筒设计模型的阴模制作比较容易,一层密度板的厚度足以承受热加工中的施力,只需要裁切一块合适大小的密度板并对其加工到需要的形状与尺寸。

1)依照阳模底端的尺寸大小,用铅笔在密度板上绘出阴模的边缘线(图5-46)。并在距边缘线最外侧左右各10cm以上处将密度板裁下(图5-47),留出距离是为了便于加工中的施力。

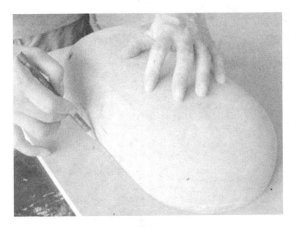 

图5-46 画出线框　　　　　　　　　图5-47 裁下密度板

2)在边缘线的内侧,靠近边缘线约1cm左右处连续打通孔,直到能放入能裁切密度板的锯片(图5-48)。打孔前一定要将密度板夹紧固定,如果形状不允许,也需要扶稳扶牢。打孔中还需要使用毛刷蘸水冷却加工部位,并及时地清除木屑,打孔中要注意力度和速度,钻头慢进慢出以保护钻头。

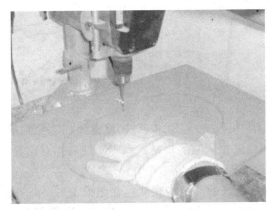 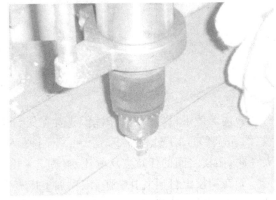

图5-48 打孔

3)通过打孔,可以插入电锯刀片以后,就可以使用电动锯裁下边缘线内部多余的密度板材(图5-49),按曲线裁切密度板时,电锯一定要慢走,避免粗暴加工卡断刀片。此外,电锯加工过程中不可能裁出完全规则的边缘线,沿曲线内走刀时,距离边缘线一定要留出富余量(图5-50),留出的部分可以利用各种锉刀来加工。

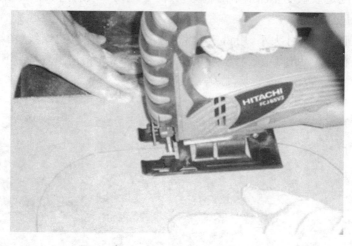

图5-49 裁下密度板

图5-50 留出富余量

4)内部裁下以后的粗胚阴模,放置在钳台夹紧(图5-51),用木工锉、修整锉加工至边缘线(图5-52),加工过程中,一定要取下阴模,用两块需被压制的塑料板以180度的相对位置,夹在阴、阳模之间的任意点反复比对(图5-53),以做到留出的间隙刚好是塑料板的厚度。

5)在阳模上打通气孔。阴、阳模加工成型以后,最好的加工步骤就是在阳模上打通气孔。这个加工步骤虽然很容易却必不可少,而初学者常常容易忽视。打通孔的位置通常选择阳模的最高点,用于排放压型过程中塑料板与阳模之间的空气(图5-54),如果没有通气孔,在热压过程中很难保证塑料平滑成型。至此,抽纸筒定案中的阴、阳模的制作就完成了。

第五章 塑料模型的制作

图 5-51 钳台夹紧

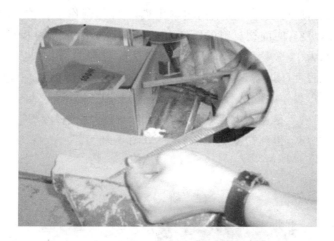

图 5-52 锉至边缘线

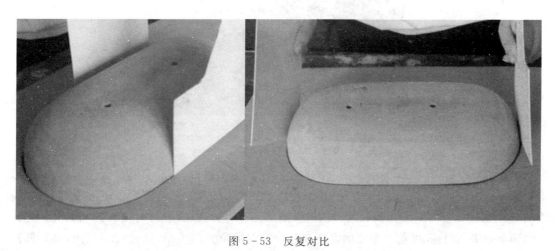

图 5-53 反复对比

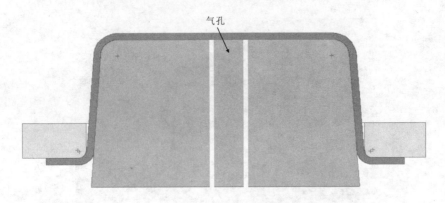

图 5-54 打通气孔

5.2.4 压制与制作

阴、阳模完成以后,就可以进行抽纸筒定案中模块 A 的制作了。首先将板材放置到红外线烘箱中加热,加热温度和时间视材料的厚度而定,通常比较薄的塑料板材温度控制在 100℃～120℃,厚的板材则为 120℃～140℃,加热 15min 左右,加热过程中,也可以带上手套用夹钳翻看观察塑料的软化程度(图 5-55)。热压之前,先将阴模放置到完全平稳的水平桌面上,将已软化了的塑料板从干燥箱中取出后迅速放置在阳模上,此时最好两人合作(图 5-56),一人用阴模压制塑料板,另一人尽量用力将塑料板抚平滑。待塑料板材冷却以后,就可以比较轻松地将阳模与塑料板材分开,得到初步制作的模块 A(图 5-57)。

图 5-55 软化塑料

初次压制以后,在模块 A 的下部会形成很多扭曲的皱褶,这些都是需要裁切的部分,可以用铅笔绘出裁切的边缘线并用手工锯锯掉(图 5-58)。从模块 A 的定案中还可以看到,在模块 A 的上部还需要有两个圆洞和两个椭圆形的观测孔,这可以通过对模块 A 进行打孔的方式获得预期效果,在打孔之前首先要确定椭圆孔和圆洞的位置与大小,通过仔细观测,确定椭圆

第五章 塑料模型的制作

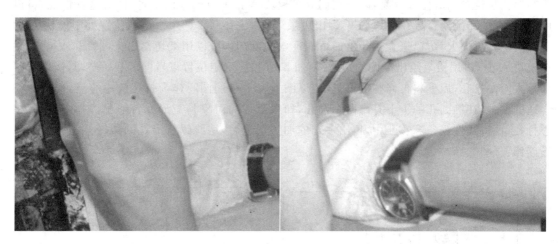

图 5-56 合作热压

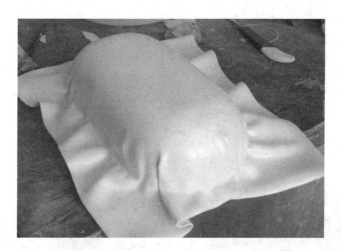

图 5-57 热压完成的模块 A

图 5-58 标出需要裁切的皱褶

孔的形状与位置相对比较容易，因为它们处于模块 A 正上方的平面位置，针对这种情况，可以用铅笔、直尺和圆规直接在模块 A 上绘出边缘线（图 5-59）。两个圆洞的位置处于模块 A 的上下两个转折面上，用铅笔直接绘出的可能性不大，此时，可以用纸切割出正圆（图 5-60），贴在模块 A 上，再用铅笔绘出准确的边缘线（图 5-61）。确定位置以后即可开始凿切，凿切通常都是采用先打孔，后下料再修整的方式，先以图 5-61 中的圆心作为打孔的中心点，选择大小合适的钻头，在椭圆孔的上下打出两个圆孔，如果凿切的对象是矩形或者圆洞，则常选择其中心打孔，再将线性锯条穿在孔中，留出一定的加工余量后，用线锯机沿孔的边缘并结合下料整形锉修整（图5-62）。

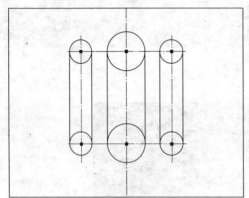 

图 5-59　绘出边缘

 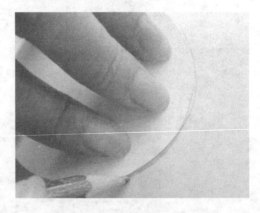

图 5-60　绘圆　　　　　　　图 5-61　比对出需要切圆的位置

　　模块 B 的制作方法相对于模块 A 而言有差异，模块 B 的制作中不需要使用到阴、阳模的配合，也无须压制完成，只需要下料、粘贴、打磨即可。之所以模块 B 采用这样的加工方法，与其形态有直接关系，因为模块 B 没有曲面，形态规则且厚度不大，只需要几块塑料板叠加即可达到高度要求，如果厚度很大的模块使用这种方法势必会造成材料的浪费，这种加工方法就不合适了。

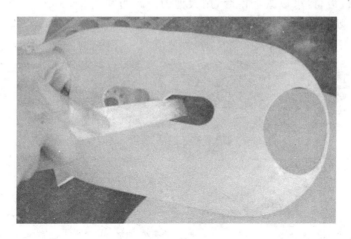

图 5-62 整形锉修整

首先在待加工的塑料板上绘出模块 B 的轮廓线,并采用与模块 A 相同的下料方式,用钩刀裁切出大小合适的塑料板材(图 5-63)。

图 5-63 裁切塑料板材

对于薄的塑料板材,可以戴上手套,用大剪刀沿距边缘线 2～3mm 剪下(图 5-64),如果是厚的塑料板材,就需要使用曲线锯来加工了。

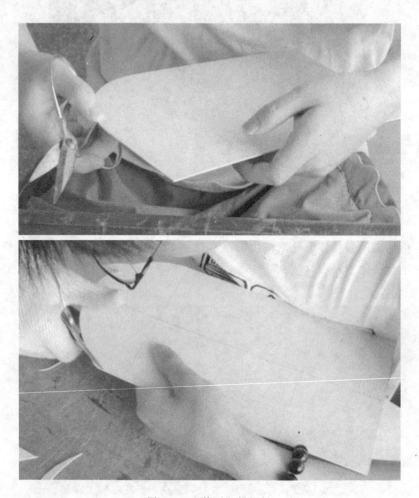

图 5-64 剪下塑料板材

将多块修剪好的塑料板用三氯甲烷溶剂粘贴起来(图 5-65),待完全固定以后,再对整体进行修整和打磨。

5.2.5 塑料模型的后期处理

塑料模型的后期处理依次分为以下两个步骤:

(1)表面装饰。使用到的材料主要是原子灰,首先用水砂纸打毛缝隙、凹陷或者模型上光滑平整的部分,这个步骤可以有效地增加原子灰的附着力。再根据模型表面处理的需要按比例调和原子灰。调和中需要注意的是:一是控制好用量避免浪费,因为原子灰无法重复使用;二是为了让填补的原子灰更容易凝固,要凭着耐心将其调和均匀。然后就可以用刮板将调好的原子灰填入瑕疵的部分(图 5-66),待原子灰完全干燥以后,就可以使用水砂纸蘸水打磨,为了达到良好的修补效果,填补—打磨的这一过程有时候需要反复进行。最后,对用水砂纸蘸

第五章 塑料模型的制作

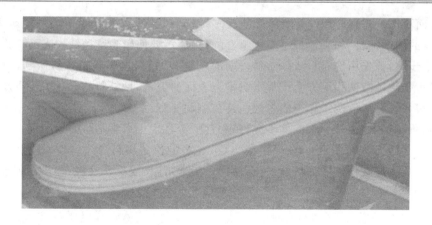

图 5-65　粘贴塑料板

水对整个模块 A 和模块 B 通体打磨(图 5-67),因为 ABS 塑料表面非常光滑,对涂料的吸附力有限,容易刮花,打磨可以使表面变得稍微粗糙一些,后期涂饰以后效果更佳。待晾干以后,就可以将模块 A 与模块 B 粘贴起来,方法如 2.4 节所述。

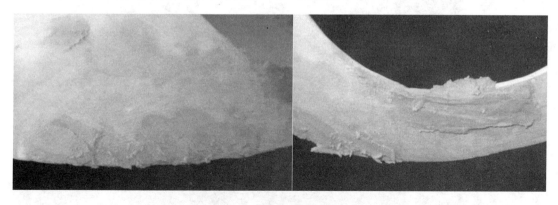

图 5-66　填补原子灰

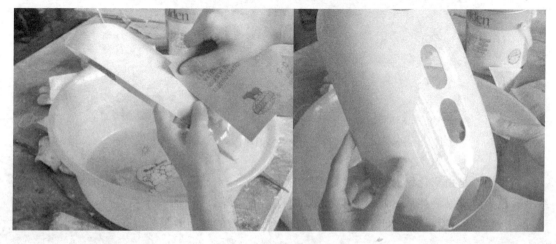

图 5-67　通体打磨

(2)表面涂饰。需要使用的耗材种类比较多,漆类有各色的罐装油漆、自喷漆等等,还有用于稀释油漆的硝基稀料,如果模型是多色组合的话,还需要使用到遮挡纸。表面涂饰的加工过程分成三个步骤:首先用洗衣粉清除塑料表面的灰尘和油脂,这一步很容易做到,但是却必不可少,如果将杂质锁在油漆下方会严重影响模型表面的美观,且补救的办法需要重新打磨和喷漆,工作量很大,因此,清洗工作不能忽视。待模型晾干以后,就可以喷漆了,最好的方法是使用气泵和喷枪来加工,但是如果条件不允许,用自喷漆替代也未尝不可。用密度板将模型置平垫高,放置在干净无尘的平面上,在距模型 20cm 左右的位置用自喷漆对模型喷饰。每次喷漆不要贪多,避免太厚在模型表面形成漆流,薄薄一层即可,反复操作几次,逐步达到理想的表面效果(图 5-68)。

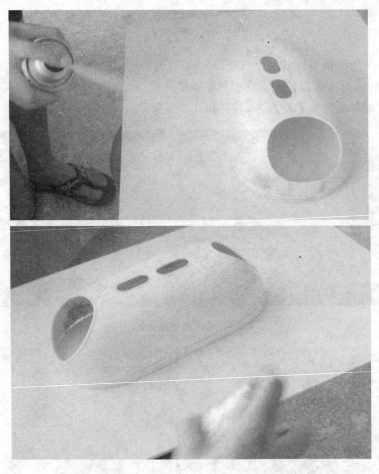

图 5-68 表面喷漆

如果模型是由双色组合而成,就需要使用到遮挡纸,对于不需要使用喷漆的地方,用遮挡纸沿分色界限粘贴遮挡后,即可以用所需要的自动喷漆涂饰,待油漆干透以后,再将遮挡纸撕下,因为遮挡纸黏度很低,黏上和撕下都不会影响到模型的表面效果。

5.3 塑料模型中的注意事项

5.3.1 常用设备使用的注意事项

如 5.1.3 节中所列举的,塑料加工中使用的设备比较多,如烘箱、砂轮机、线割机、各种手动工具等,对于初次制作模型的人来说,了解各种使用设备的注意事项非常有必要,既可以有效地避免使用中发生安全事故,又可以减少因为误操作而引发的设备损耗。

(1)烘箱或红外线干燥箱使用的注意事项:

1)烘箱应安放在室内干燥和水平处,防止振动和腐蚀。

2)要注意安全用电,根据烘箱耗电功率安装足够容量的电源闸刀。选用足够的电源导线,并应有良好的接地线。

3)带有电接点水银温度计式温控器的烘箱应将电接点温度计的两根导线分别接至箱顶的两个接线柱上。另将一支普通水银温度计插入排气阀中(排气阀中的温度计是用来校对电接点水银温度计和观察箱内实际温度用的),打开排气阀的孔。调节电接点水银温度计至所需温度后紧固钢帽上的螺丝,以达到恒温的目的。但必须注意,调节时切勿将指示铁旋至刻度尺外。

4)当一切准备工作就绪后方可将试品放入烘箱内,然后连接并开启电源,红色指示灯亮表示箱内已加热。当温度达到所控温度时,红灯熄灭绿灯亮,开始恒温。为了防止温控失灵,还必须照看。

5)放入试品时应注意排列不能太密。散热板上不应放试品,以免影响热气流向上流动。禁止烘焙易燃、易爆、易挥发及有腐蚀性的物品。

6)当需要观察工作室内样品情况时,可开启外道箱门,透过玻璃门观察。但箱门以尽量少开为好,以免影响恒温。特别是当工作在 200℃ 以上时,开启箱门有可能使玻璃门骤冷而破裂。

7)有鼓风的烘箱,在加热和恒温的过程中必须将鼓风机开启,否则影响工作室温度的均匀性和损坏加热元件。

8)工作完毕后应及时切断电源,确保安全。

9)烘箱内外要保持干净。

10)使用时,温度不要超过烘箱的最高使用温度。

11)为防止烫伤,取放试品时要用专门工具。

(2)砂轮机使用的注意事项:

1)安装前应检查砂轮片是否有裂纹,若肉眼不易辨别,可用坚固的线把砂轮吊起,再用一根木头轻轻敲击,静听其声(金属声则优、哑声则劣)。

2)砂轮机必须有牢固合适的砂轮罩,否则不得使用。

3)安装砂轮时,螺母上的不得过松、过紧,在使用前应检查螺母是否松动。

4)砂轮安装好后,一定要空转试验 2~3min,看其运转是否平衡,保护装置是否妥善可靠,在测试运转时,应安排两名工作人员,其中一人站在砂轮侧面开动砂轮,如有异常,由另一人在配电柜处立即切断电源,以防发生事故。

5)使用砂轮机时,必须戴防护眼镜。

6)开动砂轮时必须40~60s转速稳定后方可磨削,磨削刀具时应站在砂轮的侧面,不可正对砂轮,以防砂轮片破碎飞出伤人。

7)严禁两人同时使用一片砂轮。

8)刃磨时,刀具应略高于砂轮中心位置。不得用力过猛,以防滑脱伤手。

9)砂轮机未经许可,不许乱用。

10)使用完毕应随手关闭砂轮机电源。

11)下班时砂轮机应清扫干净。

(3)线割机使用的注意事项:

1)机床的开、关机必须按机床相关规定进行,严禁违章操作,防止损坏电气元件和系统元件。

2)线切前必须确认程序和补偿量是否正确无误。

3)起切时应注意观察判断加工稳定性,发现不良时及时调整。

4)加工中严禁触摸电极丝和被切割物,防止触电。

5)拆卸工件(板材)时,要注意防止工件(板材)失稳掉落。

6)加工完毕后要及时清理工件台面和工作箱内的杂物。

7)工装夹具和工件(板材)要注意做好防锈工作并放置在指定位置。

8)加工完毕后要做好必要的记录工作。

(4)电动工具使用的注意事项:

1)手持式电动工具必须有专人管理、定期检修和健全的管理制度。

2)每次使用前都要进行外观检查和电气检查。

外观检查包括:

①外壳、手柄有无裂缝和破损,紧固件是否齐全有效。

②软电缆或软电线是否完好无损,保护接零(地)是否正确、牢固,插头是否完好无损。

③开关动作是否正常、灵活、完好。

④电气保护装置和机械保护装置是否完好。

⑤工具转动部分是否灵活无障碍,卡头牢固。

电气检查包括:

①通电后反应正常,开关控制有效。

②通电后外壳经试电笔检查应不漏电。

③信号指示正确,自动控制作用正常。

④对于旋转工具,通电后观察电刷火花和声音应正常。

3)手持电动工具在使用场所应加装单独的电源开关和保护装置。其电源线必须采用铜芯多股橡套软电缆或聚氯乙烯护套电缆;电缆应避开热源,且不能拖拉在地。

4)电源开关或插销应完好,严禁将导线芯直接插入插座或挂钩在开关上。特别要防止将火线与零线对调。

5)操作手电钻或电锤等旋转工具,不得带线手套,更不可用手握持工具的转动部分或电线,使用过程中要防止电线被转动部分绞缠。

6)手持式电动工具使用完毕,必须将电源断开。

7)在高空使用手持式电动工具时,下面应设专人扶梯,且在发生电击时可迅速切断电源。

5.3.2 加工过程中的注意事项

针对不同的制作对象,使用塑料来制作模型所需要面对的问题非常多,而以下介绍的加工过程中的注意事项不一定是制作任何塑料模型都需要涉及的,但是对于初学者来说,了解这些内容可以起到抛砖引玉的作用,在充分地了解塑料的性质以后,能够学会具体问题具体分析、切实解决。

(1)在下料之前,一定要切实把握各种材料的用量,除了大面体以外,小的细节、细部的材料用量和损耗、变形对材料的影响都要考虑到,避免重复加工。

(2)模型上的小零部件在制作中不能忽视和省略,要明白,正是因为这些小的部件才丰富了产品,才体现出了设计的意义。

(3)加工过程中尽可能地使用工具辅助制作,这可以有效地减少各部件的尺寸误差并提高最终模型的质量。

(4)三氯甲烷有剧毒,不使用的时候,一定要将化学液体和玻璃注射器置于安全的位置,以防发生安全事故。

(5)对于一些接触面积很小的面,用三氯甲烷粘贴成型的方式,很多时候达不到强度要求,所以需要制作一些充当加强筋的小部件来增加接触面,增加强度,同时,在粘贴时,需要对粘贴部件施加垂直于粘贴面的力量,且没有完全粘贴牢固的情况下,不能挪动粘贴部件。

(6)大的体面热压完成以后,有时候会发现一些小局部仍然存在皱褶,对于这些小局部,可以使用热风机将该部分的塑料软化以后,再进行形式修改。

(7)对需要双色涂饰的塑料模型,一定要用遮挡纸小心处理。越是复杂的形体,越需要遮挡好分界线,要明白,喷漆以后如果边界面未处理好,需要重新打磨喷漆,工作量较遮挡处理更为艰巨。

5.4 制作过程图集

下面就塑料模型制作过程中的一些常规操作动作进行示范(图5-69至图5-78),学生可以通过这些示范图更进一步地了解塑料模型的制作规范。

图5-69 高密度板下料

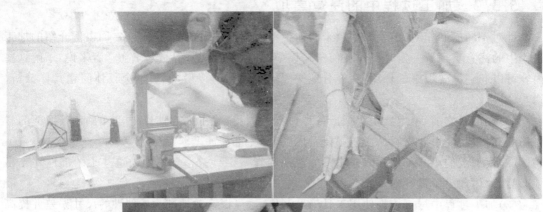

图 5-70 修整阴阳模

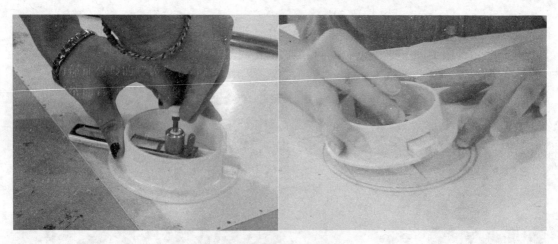

图 5-71 圆形塑料板材下料

第五章 塑料模型的制作

图 5-72 热压成型

图 5-73 热风枪弯曲成型

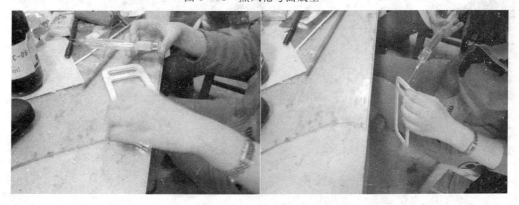

图 5-74 粘贴塑料

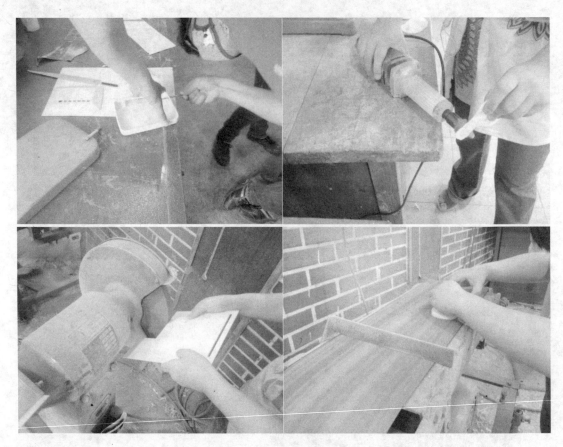

图 5-75 各类打磨方式

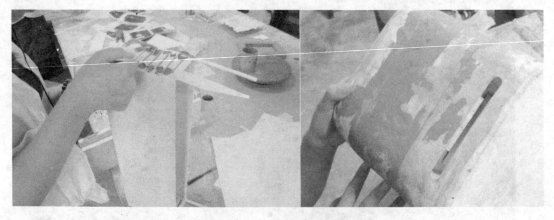

图 5-76 填补模型表面

图 5-77 磨平填补面

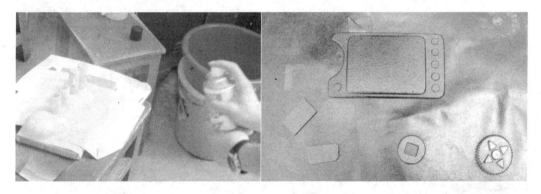

图 5-78 喷漆

5.5 塑料模型优秀作品展示

　　塑料模型制作的好坏除了取决于制作者对制作过程、制作工艺、制作步骤等专业知识的了解程度,也与制作者是否拥有良好的耐心关系紧密,下面提供了一些制作十分精良的塑料模型作品(图 5-79 至图 5-90),学生可以将其作为自己塑料模型制作的标杆。

(a)

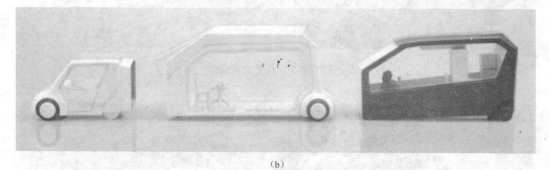

(b)

图 5-79 房车模型

(a)

(b)

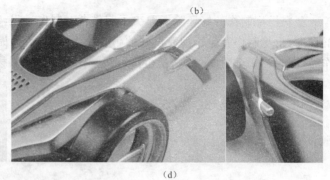

(c)　　　　　　　　　　　　(d)

图 5-80 概念车模型

第五章 塑料模型的制作

图 5-81 概念自行车模型

图 5-82 方向盘模型

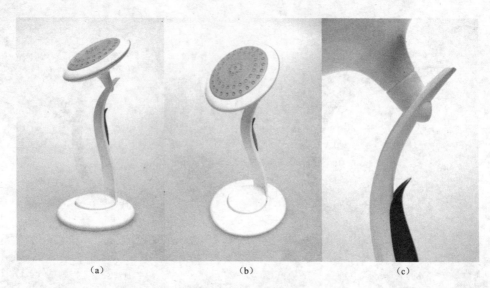

(a) (b) (c)

图 5-83 播放器模型

(a)

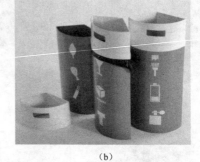

(b)

图 5-84 垃圾桶模型

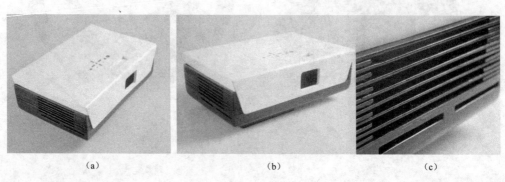

(a) (b) (c)

图 5-85 机顶盒模型

第五章 塑料模型的制作

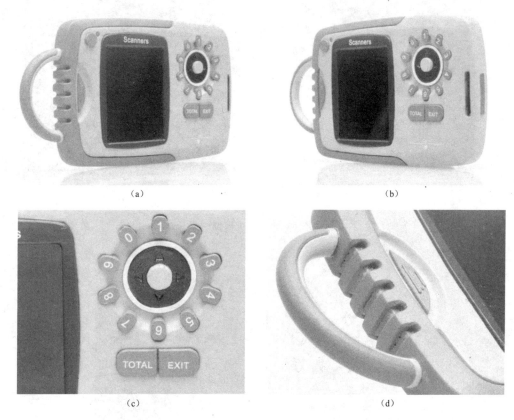

图 5-86 电子产品模型

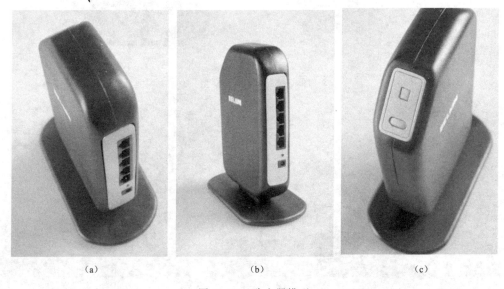

图 5-87 路由器模型

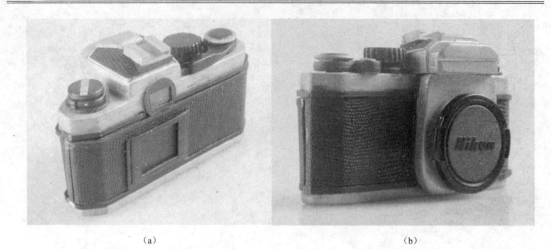

(a)   (b)

图 5-88 相机模型

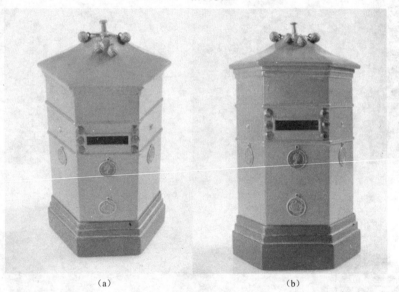

(a)   (b)

图 5-89 存钱罐模型

(a)   (b)

图 5-90 瓶系列模型

第六章 油泥模型的制作

6.1 油泥模型制作概述

6.1.1 油泥的成型特性

教学中使用的油泥通常为标准工业油泥（industry clay），目前比较常见的有日本 Too 公司生产的棕色圆棒形油泥（图 6-1）。其主要成分为：石蜡（9%～10%），灰粉（9%～10%），油脂（20%～25%），硫磺（50%～55%），及少量树脂和颜料。由于含部分能挥发的化学成分，油泥在加热后散发出的气味较重，一般初学者需一定时间才能适应。

油泥材料与黏土材料有一定的相似性，如可塑性、易加工、可反复使用等，但在很大程度上加工性能均优于黏土。正常室温下，油泥处于硬化状态，可

图 6-1 棒形油泥

以利用工具对其进行收光、刮腻和打磨涂饰等操作，它在 20℃～24℃下最为稳定，而加热到 45℃～60℃时油泥变软，硬度降低，可塑性大大增强，可被广泛使用于模型制作初期的塑造阶段，而温度回落以后，硬度又随之恢复，此时又适合于细节刻画。另一方面，相对于普通泥土而言，油泥的质感非常细腻光滑，完全可以符合极其严格的表面处理要求，所以油泥常常被用于制作形态复杂的曲面模型，如交通工具等。

油泥在加工中也有不足的方面，一是模型造价较贵，为了节约成本，在模型制作过程中，尽量不要污染油泥，不要人为地增加油泥中杂质的含量，可将加工中剥离的油泥回收并再次使用；二是油泥在制作大模型的过程中强度仍显不够，因此可配合其他材料使用，具体方法在后面章节中阐述；三是油泥模型尺寸的准确性很难把握，要使油泥模型达到相当的精确度，一方面需要借助一些工具进行对称定位、三坐标点测等，但更重要的还是加工人员对模型的深入了解和把握。

6.1.2 学习油泥模型制作的目的

油泥模型制作相对于石膏、陶土、发泡塑料塑形等而言，操作难度更大，耗时更长，且制作的对象往往针对更为复杂的产品，如汽车、快艇、摩托车等，因此，油泥模型的制作过程对学生能力的培养非常有帮助。

要在有限课时内完成模型的制作，使学生的多种能力都能得到有效提高，首先要具备设计

定位的分析能力,针对现有市场上的同类产品,分析预测产品发展的趋势,寻找合理的设计突破口;其次则应具备平面设计的表达能力,在进模型室之前,学生需要完成设计定位分析图、构思草图、效果图和设计方案的胶带图(俯视图、右视图、前视图和后视图);第三是三维软件的应用能力,当完成前面两项工作以后,学生需要在电脑上构建造型设计方案的数字模型,制作数字模型的过程不可或缺,这个过程一方面让学生能够再次推敲造型设计方案,另一方面也能够使学生对产品的每一个细节了如指掌,在后面的制作环节做到心中有数;当一切准备工作已完成,就可以进模型室展开工作。运用木材、型材、油泥、纸板等多种材料制作三维模型,此时,学生通过自己的双手去探索形面的空间关系、细节与整体的相关性,在前面阶段没有表达出来的交点、曲面,在这个阶段都可以得到弥补和体现,这也是实践中深入设计的阶段;最后,还需要学习如何用精炼的文字来描述产品的方方面面,如何在有限的时间内用语言说明产品。

因此,油泥模型制作在教学中的作用不能忽视,这个完整的将二维转化成三维真实实体的过程是探索形态、完善设计的重要阶段。学生既要意识到其重要性,也要认识到困难的存在并树立坚定的信念。

6.1.3　制作油泥模型的材料、常用设备及工具

6.1.3.1　油泥模型制作用烘箱

常温下的油泥硬度较高,无法附着在内骨架上,必须将油泥充分软化,因此,在油泥模型制作中必须使用烘箱设备(图6-2)。市面上烘箱的规格有很多种,具体需要使用何种大小的烘箱,可根据上课的学生人数、模型制作的比例和大小,即油泥的使用量来选择购买。一般1.5m左右高的双开门大型烘箱可一次性加热160根油泥,而小型烘箱一般仅能应对1~2个模型的油泥使用量。

在油泥模型制作中使用的烘箱必须具备恒温功能,授课过程中由于多个油泥同时在制作,学生需要经常打开烘箱门拿取油泥,数次的开关门会使烘箱内的温度降低,而软化油泥的温度最好保持在60℃左右,且恒温时间为1h,因而具备恒温功能的烘箱可以大大提高油泥软化的效率。

图6-2　烘箱

特别需要提出的是,在油泥模型制作过程中,烘箱内最好配置多个金属托盘来加热软化油泥,因为软化的油泥容易污染烘箱内壁,长此以往,不仅会散发出更重的气味,也会降低烘箱的加热效率,严重时甚至会造成烘箱短路,引发烘箱的使用安全。

6.1.3.2　油泥模型制作工作台

油泥常用于制作交通工具模型,一般分为比例油泥模型和全尺寸油泥模型,但不论是哪一种,都需要模型本身具备一定的精确度,因此,标注有坐标线的工作台(图6-3)对油泥模型制作尤为重要。

油泥模型制作工作台尺寸各有不同,最常见的有3m×7m,采用铝板做桌面,铝制桌面尺寸通常为1.6m×0.85m,市面上销售的工作台造价昂贵,可根据需要自行加工制作比例模型平台,可将细木工板和密度板裁切到合适尺寸放置在桌面上代替比例模型平台。但是自行制

第六章 油泥模型的制作 · 103 ·

作的板材没有刻度，需要在模型制作前刻画上相应比例的刻度。

6.1.3.3 油泥加工工具

油泥加工工具种类很多，其用途都是为了帮助制作出精度较高的模型。日产的油泥加工工具(图6-4)的价格昂贵，如果制作的油泥设计模型仅仅用于教学，制作目的更着重于通过深入设计的过程来培养学生的造型能力，而不是模型本身的精确性，那么制作过程中就可以自行制作一些简单的辅助工具。

图6-3 油泥工作台　　　　　　　　图6-4 日产油泥工具箱

日产油泥工具箱中的工具种类有多种，如平面刮刀、三角刮刀、圆形刮刀、蛋形刮刀、齿刮刀(图6-5)等。尺寸各异的刮刀适用于加工不同的油泥模型曲面，用齿刮刀以45°刮削油泥，可使油泥表面光滑，而刀口呈平面的刮刀通常针对轻微曲面。蛋形刮刀可以加工比较细致的凹面或窄槽；圆形刮刀用于大的内部曲线，当一周的弧度都不相等时，可以刮出不同的弧度，特

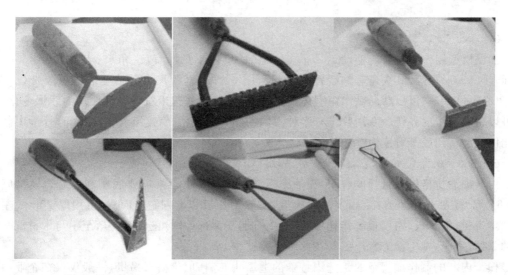

图6-5 各式油泥工具刀

别适合刮凹面;三角刮刀和钢丝刮刀在加工精细、复杂的小平面时可以发挥非常大的作用,亦可用于勾线。除此以外,还有适合大面积加工油泥的专用刮刨和局部加工的油泥小工具(图6-6)。

图6-6 局部加工工具与刮刨工具

6.1.3.4 曲率刮板

在模型制作过程中,由于制作对象多呈曲面,且常需要加工至左右对称,此时曲率刮板(图6-7)就能发挥很大的作用。在模型制作中,根据切点来选择刮板,刮板的选材很多,可以是金属,也可以是ABS工程塑料或者是有弹性的木料。

图6-7 曲率刮板

6.1.3.5 油泥模型制作辅助工具

油泥模型制作所需要的辅助工具很多,常用的度量工具如直尺、角尺、半圆仪(图6-8)、游标卡尺、云形板等,其次还有划线针、高度尺(图6-9)、直角尺。低粘度的构思胶带(图6-10)也必不可少,它可以帮助贴出模型体的轮廓线形,辅助表达出符合设计要求的线形变化,找到可以精确加工的界线。专用胶带有多种不同的颜色和规格,宽度0.4~100mm,教学中制作的比例模型常用胶带宽度为3~10mm。

6.1.3.6 模型底座、内芯、模板的制作材料和工具

由于油泥价格昂贵且强度有限,在油泥模型制作过程中常常需要底座和内芯。模型底座(图6-11)主要是用于支持、固定油泥模型,一般用托板和木方制作而成,可用厚20mm左右的细木工板、刨花板、密度板制作托板,托板下方的支撑部件则可选用木方,至于与木材配套使用的手锯、手刨、木工锉等常用工具在此不再赘述。

模型内芯的制作最规范的是选用特殊的造型用芯料,但价格很昂贵,一般仅仅在企业中选用。对于教学而言,最佳的材料选用硬质泡沫型材(图6-12),市面上硬质泡沫型材的密度和

第六章 油泥模型的制作

图6-8 半圆仪　　　图6-9 高度尺　　　图6-10 低粘度构思胶带

厚度各不一样，这两个因素与泡沫的强度和泡孔的大小均匀程度相关，具体选用何种型号的硬质泡沫型材由模型的大小决定，一般而言，模型越大，所需型材的强度应该越高。除此以外，还可以自己购买硬质泡沫原料自行发制泡沫，这种方法价格最为低廉，但是要特别注意原料的配比，配比错误会导致泡沫的强度不够，而且一定要用比较坚固的容器发制泡沫。发制过程中封闭好容器，因为泡沫发制过程中会产生很大的膨胀力，如果泡沫溢出会降低泡沫的强度。发制泡沫性质不是很稳定，放置几个月以后有可能会萎缩，这样容易造成整个模型的坍塌，如果制作好的模型需要放置较长时间，不推荐使用发制泡沫。

图6-11 模型底座

图6-12 硬质泡沫型材

模板是油泥模型制作中重要的辅助定位工具，可以选用有机玻璃在数控加工中心完成，或用数字雕刻机加工完成，得到的模板更为精准。

6.2 油泥模型制作的准备阶段

6.2.1 课题的设定

在教学中,教师帮助学生设定一个合适的课题非常必要,课题设定不恰当,可能会给整个模型制作过程带来很多意想不到的困难,甚至会使制作过程夭折。根据油泥的属性、油泥的冷热强度变化的特点和油泥本身的重量,用油泥制作需要塑形的形态,我们设定的课题为:汽车油泥模型。

6.2.2 设计构想的定案

在正式开始动手制作模型之前,一定要把握一个原则,就是心中有数。因此,需要做大量前期准备工作,不断加深和巩固对方案的认识,定案的过程一般至少需要三个步骤,首先需要对汽车有一个比较全面的了解,对汽车市场有一定的认识,分析汽车造型设计理念,寻找设计的突破口;其次是绘制造型创意草图(图6-13)、效果图和准确的四视图;最后运用三维软件完成造型方案的多视角效果图(图6-14)。

图 6-13 创意草图

图 6-14 多视角效果图

6.2.3 定制模型模板

为了在制作中规范设计方案的形态,控制油泥模型的外形尺寸,需要在标准六视图中提取外轮廓线制作模型模板。一般而言,模板都是以方案中最关键部位的最大轮廓线作为依据。汽车油泥模型制作中所需模板的数量由制作对象表面变化的复杂程度来决定。通常有以下10种(图6-15):①OX模板;②车头模板;③车尾模板;④车身俯视内模板;⑤车身俯视外模板;⑥OY模板;⑦车身侧面模板;⑧后轮口断面模板;⑨车侧风窗边缘线模板;⑩车轮模板。

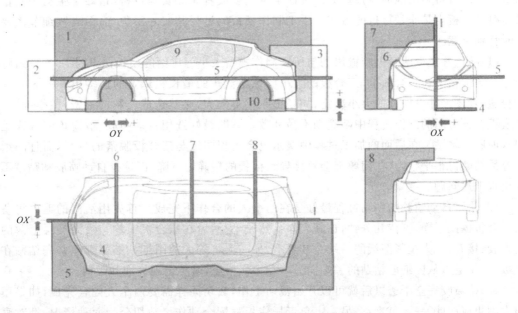

图 6-15 模型制作示意图

制作油泥模型的过程也是学生深入设计、完善方案、探讨形态的学习过程，在正式动手制作之前，很多学生对形态的认识还停留在二维形体的阶段，对于自己的设计方案应该寻找什么样的线条来制作模板还不十分清楚。在设计方案比较简单、线条走向比较单纯的情况下，只需制作3块主要模板（图6-16）就基本可以解决问题，它们是①车身侧视模板；②车身正视模板；③车身俯视模板。

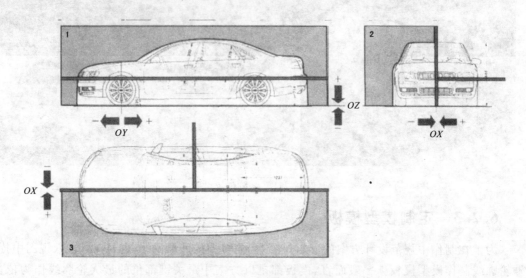

图6-16 主要模板示意图

制作模板一般需要选择有一定硬度的材料，比如三合板、胶合板、有机玻璃或者较硬的纸板。在教学中，如果条件允许，可以将数据文件导入数字雕刻机精确加工，之后只需用细砂纸稍微打磨即可得到精准的模板。如果授课学生太多或者无此实验设备，指导学生动手制作自己需要的模板也是非常可行的方式。手工制作模板的过程其实并不很难，但有些细节需要制作时特别留意。

（1）准备好至少两套电脑输出的与所需制作模型大小等比例的模板图纸（图6-17），将其中一套图纸粘贴在三合板上，三合板的大小应该比汽车的最长和最宽的边多出50～80mm较为合适，具体尺寸由模型的大小决定，如果边距留得太大，必然造成材料的浪费，留得太少，如果模板在长时间的制作过程中断裂则不易补救。粘贴最好选用自动喷胶，最简单的方式是选用双面胶来粘贴。在后面的加工过程中偶尔也会出现图纸与三合板脱落的情况，而且图纸也不容易粘贴得很平整，这些问题都会直接导致模板的精确度下降，而选择自动喷胶粘贴就不容易出现上述问题。

（2）使用自动喷胶的粘贴过程最好是在两个人的合作下完成。首先用沾湿的毛巾将备用的三合板擦拭干净，等待几分钟，让其表面自然风干，然后在三合板上均匀喷涂一层薄薄的自动喷胶；接着，一人拉紧图纸的一端令其悬空，另一人将等大的图纸一端仔细地并齐粘贴在三合板上，用毛巾从图纸已粘贴的一端向另一端慢慢擀压，避免出现气泡和皱褶。

（3）待喷胶完全干透以后就可以开始裁切工作，裁切同样需要两个人配合完成，如果模板很大则更应如此，一人负责锯，另一人负责托住板材配合动作。裁切分为两种情况，针对直线裁切，直接使用美工刀依据尺寸下料；而针对曲线，就需要使用线割机（图6-18）切割，在距离

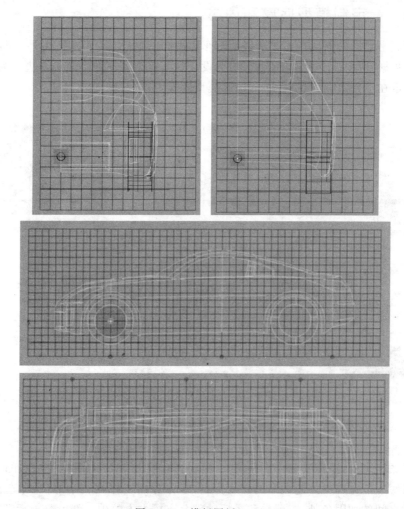

图 6-17 模板图纸

模板上视图外轮廓线外侧 1mm 的位置沿线慢慢切割,待一块模板切下以后,再拿出预留的一套模板图纸进行比对,观察外轮廓线的所有沿线是否都留有修正量,并在修正量非常少的部位做上标记,然后使用半圆钢锉(注意:尽量不使用其他钢锉代替半圆钢锉)把保留下来的 1mm 的余量锉掉,尤其注意在有标记的部位小心用力,最后,在做好的模板右上角标注清楚模板的名称。特别需要说明的是:在用线割机切割贴在三合板上打印好的线图时要注意是沿着线的外侧还是内侧切割,整套模板一定要统一方法,否则整套模板完成以后会出现不小的偏差。

图 6-18 线割机

6.2.4 定制模型底座和内芯

模型底座制作的依据在于参考多个汽车多视图的尺寸,参照轴距、轮距、车前悬部分、车后悬部分等数据,留出 4 个轮胎的位置,根据设计定案修出底座四个角的斜边。为了使模型能够牢靠地固定在平台上,底座平台通常选取模型的最大长度(图 6-19)。

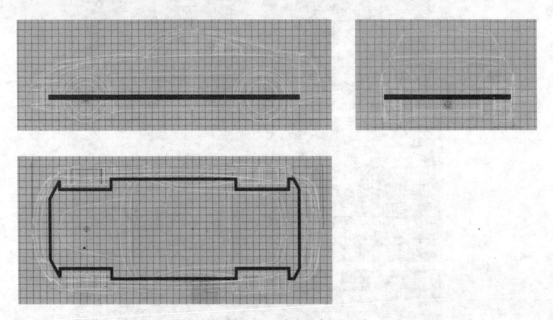

图 6-19 底座平台

有了底座平台,还需要制作底座的支撑部件,支撑部件应选用比较结实的木方,支撑部件的高度以底座能完整支撑起汽车的高度为宜,木方分别支撑在三个部位,即车前轴、车后轴和连接两轴之间的加固条处,车前轴和车后轴部分支撑木方的中心线就是前后车轮的中心线,在此称这两根木方分别为前车轮木方和后车轮木方,取这两个木方的中点并用一根木方连接起来,形成"工"字形的底座支撑(图 6-20、图 6-21)。

底座对支撑、固定油泥模型会起很大的作用,在教学中需要花费很大的精力去制作也是必要的。如果制作的模型是 1∶8 的小比例模型,在油泥模型的边缘处,其内芯和油泥并不是非常重的情况下,可以制作稍微简单的底座平台(图 6-22)也是可行的办法。

教学中一般选用厚度为 25~50mm 厚的泡沫塑料作为制作油泥内芯的材料,当确定好使用材料的厚度以后,就可以进行制作油泥模型内芯的工作。制作之前首先必须确定油泥模型所需油泥的厚度,因为确定内芯尺寸时需要留出这个厚度,一般全尺寸油泥模型所需油泥厚度为 30~50mm,而比例模型所需油泥的厚度则为 10~20mm(图 6-23),图 6-23 中黑色的面为模板,黑色的线条代表内芯的边缘线。

除一般情况以外,具体车型的差异对油泥厚度的要求也会有所不同,因为在转折面、转角面上的形态不容易表达到位,因此所需的油泥的厚度要更厚一些。需要特别强调的是,油泥敷上以后再去修改内芯则非常麻烦,所以,开始就要把转折面、转角的油泥厚度留得多一些。可以预见,即使车型大小相当,转折面、转角比较多的复杂车型就要比形态较为平缓的车型所贴

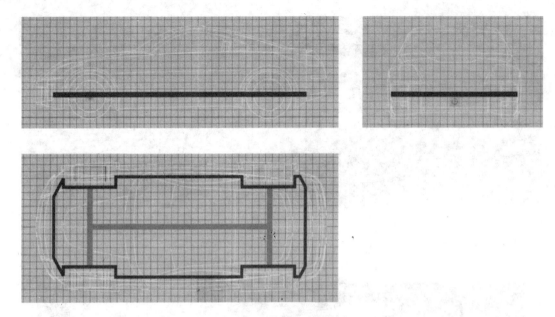

图6-20 "工"字支撑底座

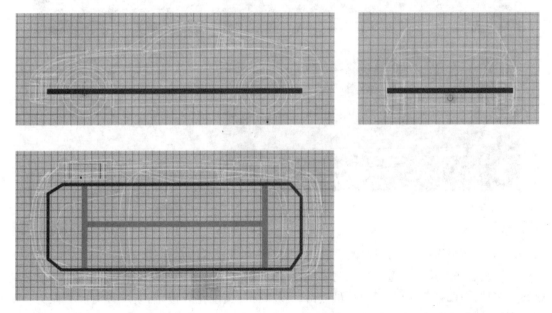

图6-21 另一种底座

的油泥更厚重些。

确定油泥模型内芯的整体尺寸以后,就可以根据待用泡沫塑料的厚度确定共需几块材料粘合才能达到内芯所需要的高度,且处于不同高度的材料大小也可确定下来。裁切泡沫塑料可使用热线切割机来加工(图6-24),加工过程最好在两个人的合作下完成,一个人负责切

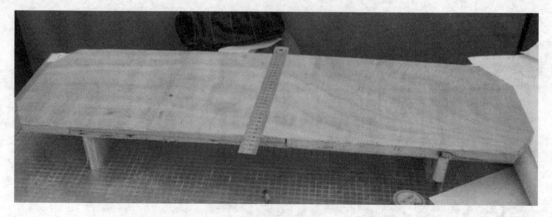

图 6-22 简单底座

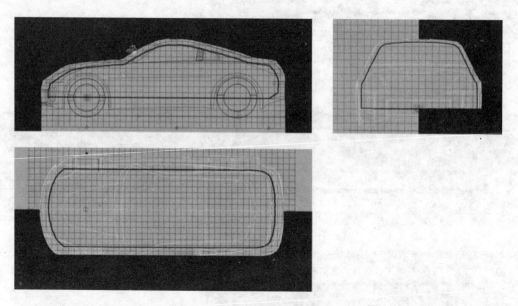

图 6-23 油泥厚度示意图

割,另一人托住材料,保持材料呈水平状态。

不论是制作全尺寸模型还是比例模型,内芯的厚度都需要几块泡沫塑料粘合起来,粘合的材料有多种,在此推荐使用白乳胶,虽然白乳胶粘合的速度比较慢,需要一段时间才能完全干透,但是白乳胶性质十分稳定,且粘合牢固无缝。粘合的方法是将每块已经裁切合适的泡沫塑料均匀涂上一层薄薄的白乳胶,按从下到上的顺序平置粘合,可用钳台夹紧,放置到完全干透,即成为了一个整体(图 6-25)。这时就可以使用美工刀、钢锉等工具将材料加工成如图 6-23 中黑线框的形式。当内芯的加工过程完成以后,还可以在内芯上均匀涂上一层白乳胶或者喷漆,因为泡沫塑料加工中会产生很多粉尘,这些粉尘会一定程度上阻碍油泥的附着,而涂上的白乳胶和喷漆就能有效减少浮在内芯上的粉尘。

第六章 油泥模型的制作

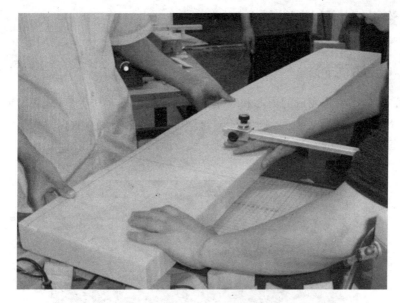

图 6-24 热线切割机

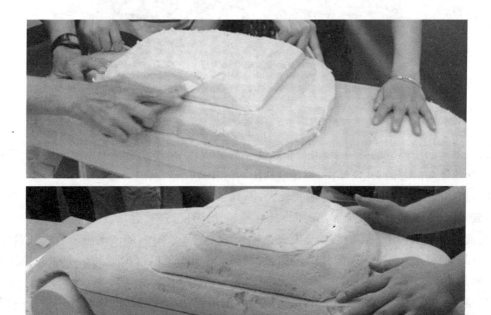

图 6-25 加工状态示意图

6.3 汽车油泥模型的制作

6.3.1 敷油泥阶段

在敷油泥之前,需要将完成的内芯和底座置于油泥模型的工作台上,放置之前需要将底座和工作台上标出 OX 和 OY 坐标轴(图 6-26),标好的坐标轴需要一直保持到模型完成。将完成的内芯、底座与工作台的 OX、OY 轴线对应一致,且直至整个制作过程。

图 6-26 标出 OX 与 OY 坐标轴

敷油泥是制作模型的第一步,也是非常重要的一步,如果这个阶段没有完成好,会有可能导致后期油泥与内芯的剥落、分离,因此敷油泥的过程应严谨操作。

(1)加热油泥。常温下的油泥硬度较大,不具备附着的要求,需要加热至温度为60℃左右,恒温45min,切忌为了减少加热时间去提高加热的温度,这样做很容易导致油泥的表面快速溶化而内部仍未软化。正确的加热方法是将计算好的大致所需的油泥用量放在托盘中,且每根油泥之间留有一定间隙,使其受热均匀,加热约45min以后,感觉到整个油泥棒温度一致,捏起来柔软即可。

(2)敷油泥讲究手法,避免油泥表面出现大的波浪起伏。从加热的油泥棒中揪取一段,简单捏成宽20mm、厚4~5mm的油泥条置于掌心,用手掌中最有力的内侧沿着车身线条以一定的方向快速推送油泥,将油泥平顺地敷于内芯表面上,在敷油泥的整个推送过程中尽可能保持一个方向,且避免气泡的产生,如果推送过程中出现了波浪油泥面,可以用弯曲的食指敷 1~2mm 厚的油泥,逆方向刮回抚顺油泥。由于食指的力量有限,对于起伏较大的面,需要多次操作(图6-27)才能见效。

(3)按照上述操作敷油泥 3~4 次以后,就可以拿出做好的模板进行比量,检查模型的界限与模板是否一致,保持油泥模型尺寸与模板相差约 3~5mm,以便于后续的制作(图 6-28)。

第六章 油泥模型的制作 · 115 ·

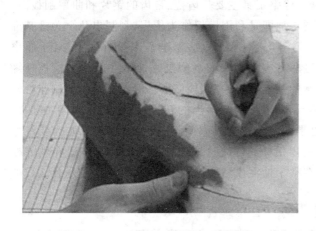
图 6-27 敷油泥

图 6-28 多次敷油泥

（4）模型表面的油泥敷上以后，即可以把模型底座翻过来进行模型底部敷油泥的工作，将油泥敷在底座上，此时油泥的厚度就要参考模板，应达到车的下边缘线。

当上述 4 个步骤完成以后，即可参考 OX、OY 轴线将油泥模型重新归位（图 6-29），以继续下一步的工作。

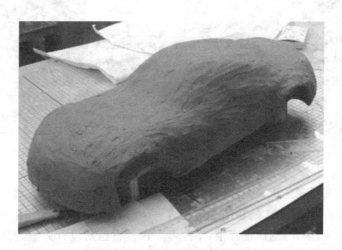
图 6-29 重新归位油泥模型

6.3.2 刮模阶段

敷油泥阶段完成以后，就可以进入刮模阶段。刮模过程大致分成两个步骤，一是修整不规则的油泥表面，基本确定尺寸和大形。二是对细节的深入设计与制作。这一过程会用到所有的油泥工具，如刮刀、钢片、低粘度胶带以及辅助测量的高度尺、直角尺等。

在确定模型的尺寸和大形时，时刻都需要参照模板来操作。通常把模型沿着车头至车尾的方向找到模型的中轴线,将模型一分为二,先将模型左边制作好,再参照左边来制作右边。要修整好模型,正确使用油泥工具非常重要,修整工具主要是齿挠、带齿的钢片和曲率刮板。

加工的方法可以是添加或者刮削,所谓添加即是利用模板作为依据,刮制出几个关键基准面,比如车头前脸倾角、肩线、裙线(图 6-30)等,然后依据这些基准面来填补油泥,对于曲率变化很大的面和复杂的形体,这种加工方法非常有意义。而刮削是先敷上厚度超出模板外缘的油泥,再依据模板的比例尺寸刮削出关键的基准面,没有模板作依据的部分就需要制作者发挥主观能动性进行设计制作了。很多时候,制作者想要刮削出的转折线不是油泥贴上去的一根线,而是由两个相交面来确定的,而点更是由多个相交线来确定的,这是刮削中尤为要注意的,刮削的加工方法对大整体面的修整能发挥很好的作用。添加和刮削的加工方法在油泥模型的制作中没有先后之分,它们同时贯穿在整个油泥模型的修整过程中,什么时候用什么样的加工方法最合适需要制作人用心体会。

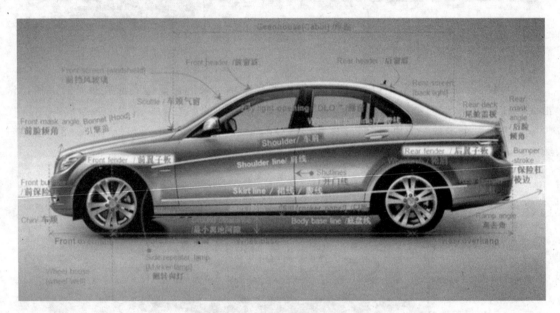

图 6-30　车身线条示意图

面对敷好的油泥到底先从哪个部位开始制作,其实没有固定的标准,尤其是针对初次制作油泥模型的学生而言,模型制作的目的在于创造一个好的设计方案,太局限的操作步骤反而约束了学生创意的表达,因此,制作过程中,学生可以根据自己对设计方案的理解和空间形态的感知来制作。从第 2 节对模板制作的介绍中,可推测出油泥模型车的制作可以分成以下几个部分:OX 线断面(图 6-31)、车头端、车尾端、OY 线断面、车身侧面(图 6-32)、后轮口基准面、车窗轮廓及车顶、车轮(图 6-33)。

修整油泥时使用油泥工具讲究一定的手法,油泥刀可以切掉多余的油泥,但是对于需要切除很少油泥的情况,则需要使用齿挠层层刮除,且使用齿挠和带齿钢片修整油泥面时,一定要斜 30°～45°角交叉刮削才能使得油泥面平顺。在基准面的附近,还可以利用模板来回刮制添加的未冷却的软油泥。对于如车顶(图 6-34)、车侧围(图 6-35)、车前端(图 6-36)的曲面,先使用带齿的钢片刮出大致的曲面,之后还可以利用硬度不同的钢片将曲面刮平、刮顺。此

图 6-31　OX 线断面

图 6-32　车身侧面

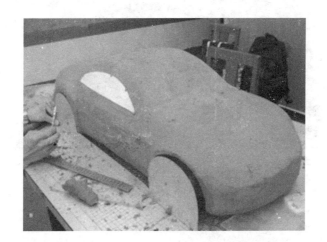
图 6-33　车轮侧面

外,车窗、车肩、轮眉等位置还可以利用直角尺、划线针、构思胶带来帮助定位。比较难加工的车轮部分,参照车轮处的模板,用油泥刀、齿挠去除掉多余油泥后(图 6-37),再用蛋形挠子将轮口内部刮顺(图 6-38)。再如一些小细节部位,需要先用构思胶带确定准确的位置,通过添加油泥刮,再用油泥刀削去多余的部分(图 6-39),最好用曲线板比对进行修整(图 6-40)。整个修整过程中制作者要充分发挥主观能动性,用心体会,反复推敲、反复对比,尽可能利用各种工具来制作(图 6-41)。

图 6-34　车顶

图 6-35　车侧围

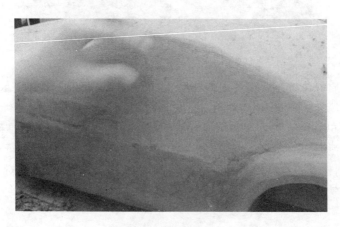

图 6-36　车前端

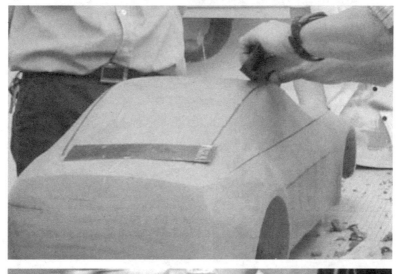
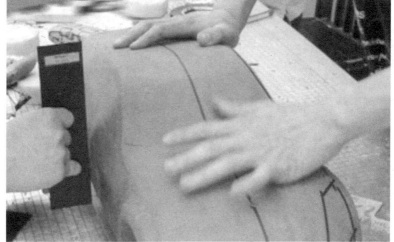
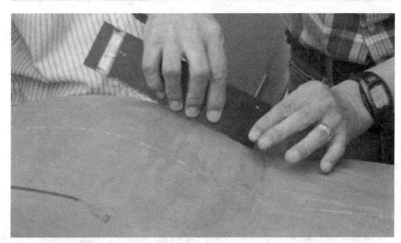

图 6-37 去除多余油泥

· 120 ·　　　　　　　　　　模型制作实验指导书

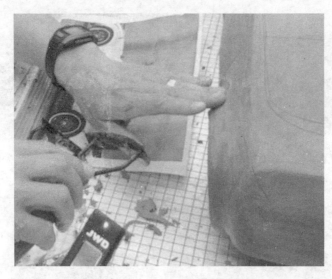

图 6-38　刮顺油泥

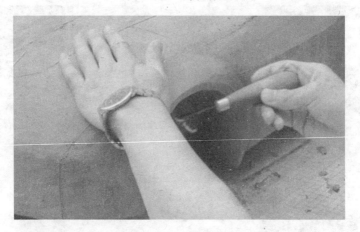

图 6-39　削去多余油泥

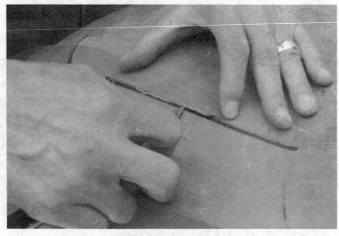

图 6-40　修整

第六章 油泥模型的制作

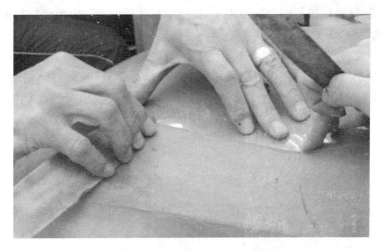

图 6-41　利用工具反复修整

油泥模型的大形基本确定后,就可以进行油泥模型的细节深入处理和光滑表面的工作,这个环节也是模型表现出造型风格的关键一步。到了这一阶段,整个车身的尺寸、大形已不需要再有大的调整,制作的重点放在车身主要部件的整理与明确表达、整体与局部形态的呼应关系和车身的光滑处理上。制作过程中需要慎密的逻辑推理,反复地参考各个视角的效果图,有时候甚至还需要对某个局部细节勾画草图,特别要把握面与面的交接、面与面的过渡、线条与线条的配合,即棱线、转角、凹凸面、交接面等。

在这个阶段,几乎任何细节的制作都会使用到构思胶带,通过贴出车的棱线或者分型线(图 6-42),可以很好地帮助设计师实现模型从二维到三维的转化。贴胶带看似很简单,其实也有一定的技巧性,因为贴在油泥上的胶带就是模型塑形的重要参考标志,所以在模型的表面,胶带不能扭曲,操作中两只手力量与角度的配合要恰当,拉出胶带一定要大于所贴位置需要的长度,右手反复拉紧和放松胶带来配合左手按压胶带使之符合所需的变形,反复触摸、观察,防止出现扭曲。

图 6-42　分型线

有了参考线,就可以进行细致的加工了,这个时候使用的工具需要根据待加工面的曲度和大小来选择,油泥挠、钢片和自己制作的塑料片都是很常用的塑形工具。挠子包括平面带齿挠、圆形挠、蛋形挠、三角挠、钢丝挠等,挠子加工的油泥量比钢片要多,挠子的操作可以是单手操作也可以是双手协调操作,单手操作是用手掌握住挠的手柄(图6-43),食指按住金属与手柄的交界处;双手操作是右手握住手柄,左手中指和食指按住金属与手柄的交界处(图6-44),右手来控制挠的方向,左手来控制每次刮削的油泥量。一般而言,对于初次制作油泥模型者,用双手操作的方式加工效果更精准。

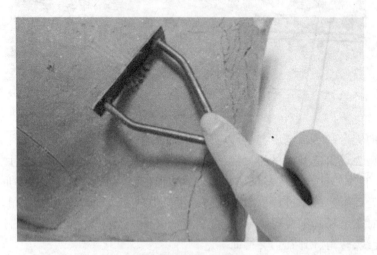

图6-43 单手握持示范

图6-44 双手握持示范

油泥模型上的转角、棱线、内部曲面、凹槽等小细节部分都需要用到三角挠(图6-45)、小号平挠(图6-46)、圆形挠、蛋形挠和钢丝挠。除了挠以外,钢片和曲率刮板的使用效果与制作人的手法和技巧更为相关,制作人的手势和力道直接决定制作的质量。钢片的厚度和弹性成反比,越厚弹性越小,刮削的油泥量越大,反之亦然。有时候抚顺光滑面使用最轻的钢片,加工的油泥量仍旧嫌多,此时还要用到自己制作的塑料片(图6-47)。使用钢片加工时尽量使钢片保持与成型面大致垂直,放松手臂,用手心的力量因势导力。

图6-45 三角挠

图6-46 小号平挠

6.3.3 模型表面检验

在细节、各部分曲面、线形完成以后,就需要检验油泥表面是否有波浪、是否光滑,之所以要进行油泥表面检验,是因为在模型贴膜处理以后,如果模型表面出现凹凸不平,则无法补救,而且模型贴膜不仅不能够掩盖模型表面的瑕疵,反而更能突出问题之所在,所以,模型表面检验是必不可少的一步。

模型表面检验最规范的方法是使用专门用于检验油泥表面的校光灯和检验用锡纸。由于这套辅助设备不太容易购买,可以用普通的家用烧烤锡纸、黑色或透明的塑料薄膜(图6-48)来代替专用锡纸,也可用日光灯管代替校光灯。方法是:在油泥表面喷上少量的水,用橡胶刮板将薄膜贴到油泥需要检验的部位(图6-49),用日光灯照射模型,仔细观察和触摸其表面是否平顺,若出现高光、反射线条或者不平顺的现象,就需要把薄膜揭下来,把有瑕疵的部位再加工抚平。

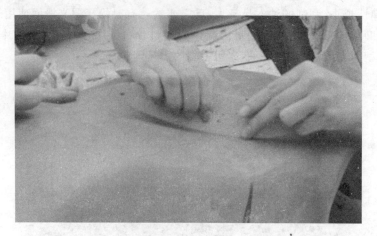

图 6-47 塑料片

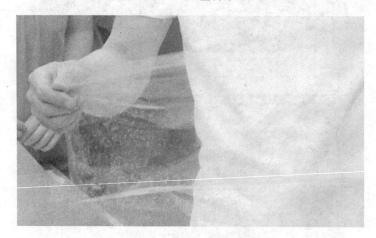

图 6-48 塑料薄膜

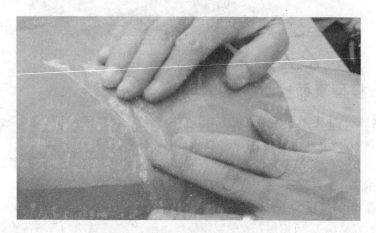

图 6-49 塑料薄膜检验

6.4 油泥表面装饰

汽车油泥模型设计的最好阶段就是模型的表面装饰阶段,它包括油泥模型的表面处理、车窗玻璃处理,安装车轮、后视镜等小附件,以达到最佳的展示效果。

模型表面装饰可以喷漆也可以贴膜,喷漆需要涂腻子打磨、做烤漆,需要进烤漆房,而且需要具备比较高的手工技巧,这在课堂教学中很难实现,因此,本节将主要介绍贴膜的表面装饰手法。

汽车表面装饰需要使用专用薄膜。一般都是美国或日本进口产品,价格昂贵,使用过程中要尽量计算好尺寸,以免造成材料的浪费。市面上销售的薄膜有黑、灰、白、红、蓝、银等颜色以及透明膜均可以选择。主要的工具有喷水壶、毛巾、裁纸刀、大水盆和橡胶刮板。在确定油泥表面完全平滑以后,用胶带在模型表面贴出分型线,用三角刮刀依照模型上用胶带所贴出的线条刻出宽1mm、深1mm左右的线槽,对于车外观中有不同颜色,尤其是对于全尺寸或者大模型,贴膜不可能一次到位,刻出的线槽不仅可以很好地提供每一块贴膜的尺寸数据参考,还能在后期运用黑色橡胶条压住两块薄膜的连接处。贴膜的面积要比所需要的面积边缘大出20~30mm。

首先用喷水壶在油泥模型表面喷水,这样有利于贴上薄膜后把薄膜和油泥之间的空气挤出,从而使薄膜能够很好地附着在模型表面;其次将裁好的薄膜背面朝下放入干净的大水盆中浸泡(图6-50),几分钟后可以很轻松地把薄膜上纸质的衬底揭下来(图6-51),要将薄膜从水盆中拿出来时,最好由两人合作,各拉住薄膜的四个角(图6-52),以免薄膜变皱。当把薄膜盖在油泥模型上以后,就可使用橡胶刮板在模型较大较平整的表面,比如车顶的表面,从内向外将薄膜内的水和气泡挤出,可以同时在刮的位置喷水,刮好大面以后就把面与面转折的棱线部位刮实刮平,如果没有橡胶刮板,也可以用软一点的废弃电话卡代替。特别要注意的是,

图6-50 在水盆中浸泡

薄膜虽然很有延展性，但是也非常薄，既要在刮的时候保证没有气泡和皱褶，也要注意力度，避免刮破（图6-53）。最后确认整个薄膜完全刮平以后，就可以使用裁纸刀在线槽处将多余的薄膜割掉，这个位置还可以继续贴相同颜色的薄膜。

图6-51　将纸揭开

图6-52　将膜展开

整车贴膜基本完成以后，薄膜的下部边缘要转到模型底部用订书机固定住，在车轮的位置，可以多划出几道口子以便比较容易转到轮口内部固定。车灯和玻璃的处理，可以用喷漆在透明薄膜上喷上需要的颜色再贴上，而车轮可以购买。当然配件的加工完成可以使得油泥模型获得最佳的展示效果。由于在教学中制作模型的目的是为了提高学生对形态的感知能力，并非为了获得最佳展示效果，教师可根据课时量对配件加工的学时进行合理安排。最后用黑色的胶带粘贴分型线（图6-54），贴上分型线以后，薄膜就无法再被揭开再加工了，所以要确保前面的工作都已经做到位才能进行这一步。

第六章 油泥模型的制作

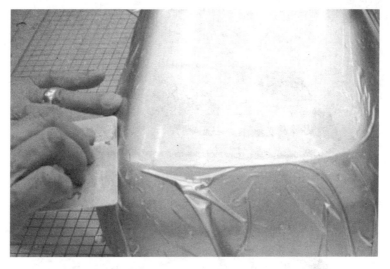

图 6-53 将膜刮平

图 6-54 黑色胶带粘贴分型线

6.5 优秀作品展示

油泥模型在交通工具领域中应用十分普遍,下面提供了一系列优秀的油泥模型作品(图 6-55 至图 6-62),学生可以将其作为自己油泥模型制作的标杆。

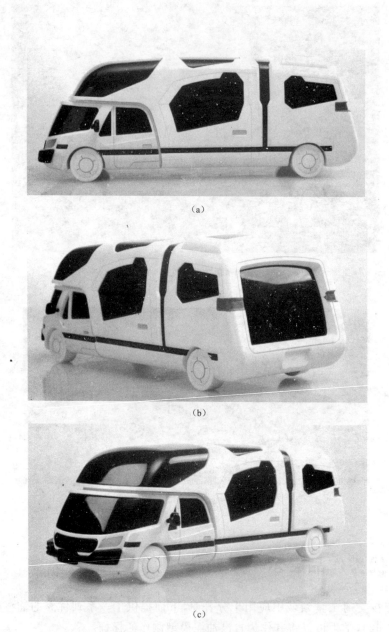

(a)

(b)

(c)

图 6-55 概念车油泥模型(1)

第六章 油泥模型的制作

(a)

(b)

图 6-56 概念车油泥模型(2)

(a)

(b)

图 6-57 概念车油泥模型(3)

(a)

(b)

(c)

图 6-58 概念车油泥模型(4)

第六章 油泥模型的制作 ·131·

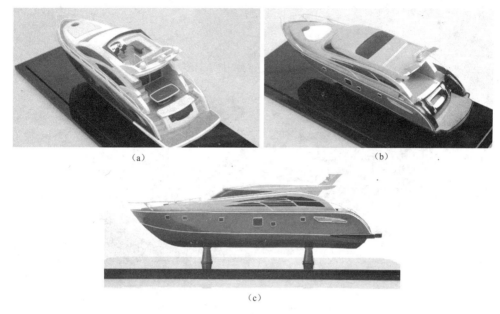

图 6-59 船的油泥模型

图 6-60 三厢轿车油泥模型(1)

(a)

(b)

(c)

图 6-61 三厢轿车油泥模型(2)

(a)

(b)

(c)

图 6-62 三厢轿车油泥模型(3)

第七章 展示模型的设计与制作

7.1 展示模型制作概述

很多大专院校在工业设计专业课的设置中都开设了空间设计、展示设计等相关课程,开设此类课程的目的都是为了提高学生对形体的空间把握能力,展示模型的制作也是为了进一步帮助制作者培养空间感。在展示模型制作之前,首先需要对展示空间有一个基本的认识,现实项目中的展示空间模型主要用来对即将建造的展示空间进行定性和定量的研究,并且对容纳其中的展品进行统一的布置和规划。课堂上制作的展示空间模型相对而言制作要求要低很多,但是根本的规划目的是一样的,展示空间设计本身就是一个完整的策划过程,策划的主要元素包括空间关系、展品、环境策划等,模型制作者就是将这些存在于脑海中的解决办法、意识形态用成比例缩小的模型以具象化、表象化、形态化的方式表达出来,作为进一步对设计创想进行调整和修正的依据。

7.1.1 展示模型制作的意义

展示模型的制作需要付出的努力是全方面的,比如基于视觉、功能目标的材料的合理运用,制作工艺方式的选择,制作技巧的把握等。模型制作的过程就是思路细化深入的过程,是形体结构精细刻画的过程,是人与空间关系实体体验的过程,是综合功能全面验证的过程,是表现风格优化的过程,也是主题反复深化的过程。很多时候,制作者在制作过程中会不由自主地把制作的重点投入到制作的手段、技巧上,而从上述对模型制作过程的阐述来看,模型制作的重点更在乎于制作过程中人、物、环境之间的沟通和交流,从形体空间的表现形式上来说,就是要寻找形式之间的关系,强化有趣的关系,调整不和谐的关系,弱化与主题无关的关系,总而言之,就是协调人、物、环境之间的所有相互关系。

现实生活中,我们与展示模型的距离其实非常近,比如我们走进博物馆,有时在入口处就能看见发挥导向作用的建筑模型,我们也常称之为沙盘,再如很多开发商还没有正式开盘就已经制作好精美的住宅模型来帮助销售,而参观者也可以通过展示模型很容易地找到具体的位置和想了解的产品。尤其对于设计师来说,展示模型是最好的与非专业人士交流的载体,通过展示模型,可以了解设计师的设计思想、设计理念,同时,跨专业人士也可以通过展示模型了解设计的构思和实现过程。

7.1.2 学习展示模型制作的目的

在展示模型的制作过程中,制作者可以学习到很多有益的相关知识。首先,可以完整模拟出从立项、调查研究、可行性探讨、确定主题、方案细化到展示实施的准备过程、布展过程、展出阶段和撤离过程,这个模拟的过程可以很有效地帮助设计师、施工团队发现问题、激发思考、调整设计、预估结果,帮助提高创作团队的分析、解决问题的能力;其次帮助设计师提高空间感知的能力,因为三维实体对人的思维而言有一种更直接、更易延伸、更易认知、更易分析的特征,而模型制作需要考虑多个因素,比如功能空间、形态抽象处理、结构空间、材质处理等,设计师空间感知能力的水平很大程度上将影响上述空间的塑造;此外,展示模型还能架起设计师与公众交流的桥梁,在今天,模型表现和效果图、动画等表现手段一起,已经成为空间设计中不可替代的环节,它不仅是专业人士研究和推敲设计、深入思考的手段,也是包括业主、媒体等在内的所有非专业人士了解设计作品,感受空间文化中最真实、最直观、最全面、最综合的媒介,有些制作精良的空间模型甚至成为博物馆和艺术馆收藏的艺术品。

7.1.3 展示模型的分类

在对模型进行分类之前,首先要理解为什么进行模型分类,因为理解了模型分类的目的可以更强化我们对模型制作的认识。制作者制作模型一定有明确的初衷,在整个制作过程中只允许强化制作初衷,决不能模糊制作的初衷。

模型分类的方式依据看待问题视角的差异而有所不同,常规的分类方式主要依据表现内容、表现目的和不同制作阶段三种视角来进行分类。从模型的制作内容来划分,最常规的办法是将其分成地形学模型、空间主体模型和特别空间模型三种。如果从展示模型的制作目的来看,可以分成为了给设计师的研究资料作备份的细节模型,为了给竞赛作品作展品的观赏模型,为了做作业为主的简报模型,以及特定专业人士为了发展结构体系的选择性和探讨连接点强度问题的结构模型。而从模型制作的不同阶段则可以将其划分为概念模型、工作模型和实作模型。

以展示内容划分出的地形学模型、空间主体模型和特别空间模型,充分体现了模型的立场差异。地形学模型又包括地形模型、景观模型和花园模型。地形模型(图7-1)主要表现地表的情况、基地形式或因新规划造成的改变,通常而言,每一个地形模型的主题都是唯一的,比如强调建筑规划,具体的树木、喷泉等就得到弱化,强调交通关系,那具体的建筑往往就成为了次要。景观模型(图7-2)突出表现交通、绿化和水平面、树木、树丛、森林平面、边缘绿化,且弱化建筑主体和建筑群,其目的在于景观空间和与之相关的地表模型,还有表现对象的特征。花园模型(图7-3)在我们的日常生活中比较常见,制作元素十分多样,比如楼盘小区、植物园、动物园、人群、家具、喷泉纪念碑等。

如果从展示目的来看,不同类型的模型对制作的要求差异还是十分大的。细节模型(图7-4)注重特定部分的探索和表达,比如外观的局部、节点的构造、楼梯的形式等;结构模型(图7-5)关注的重点则在于结构体系的选择性和连接点强度问题;简报模型(图7-6)因为可用于展示,因此一般呈现出比较精细的状态,比如室内简报模型中就包含着颜色的共同表现、材质的影响以及家具、照明的控制等。

从不同设计阶段的角度对模型分类的方式非常适合于学习中的学生,因为这种分类方式直观明了,目的性也非常强。概念模型就是主要针对于概念草图阶段,制作概念模型不需要特别的机器、模型室,材料通常是常见材料,且容易加工和制作成型,制作中通常简化了一些不重要的环节,而更多地突出概念本身;工作模型主要针对的是设计阶段,主要是为了呈现主要的形式特征,其中的很多部件都是可替换、可修改的,可以为设计的调整和修正提供更多的可能

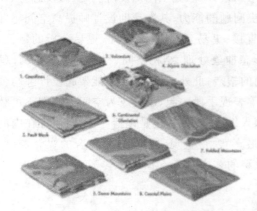

图 7-1 地形模型

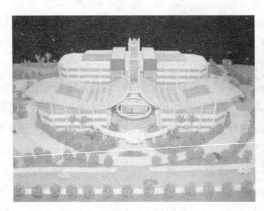

图 7-2 景观模型

图 7-3 花园模型

第七章　展示模型的设计与制作

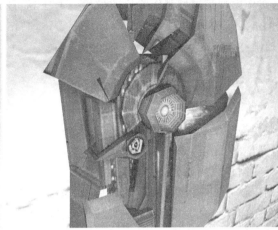

图 7-4　细节模型

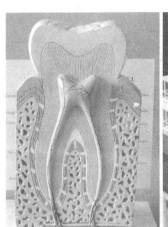

图 7-5　结构模型

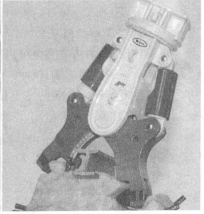

图 7-6　简报模型

性；实作模型是模型制作阶段的最后一个环节，它能带给我们一个清楚的说明，可以让参观者预见完工时的景象，是设计完善的终极表达，制作者从材料、色彩、环境和细节对设计做出了完整的阐述。

7.2 展示模型的制作

作为学生展示空间模型制作的实验指导书，为了更好地答疑解惑，以下内容将立足于不同设计阶段的角度，来探索展示空间模型制作的多方面问题。

在制作之初，要深刻理解模型应该达到什么样的效果，或者说在设计程序中发挥了怎样的作用。首先，制作者必须意识到制作的各类模型应该能满足各个阶段设计工作的需要，概念模型和工作模型是为设计的进一步发展而服务的，它为设计的进一步调整提供了很大的空间，因此这类模型的制作没有确定的规范，而由设计需要或制作条件来确定；其实，实体模型是切实反映设计思想的最终模型，设计者需要在实体模型中排列解说词、比例和方向陈述，因此，制作实体模型需要大量专业工具、专业技巧和工作场所的支持。

7.2.1 制作塑料模型所需的材料、常用设备及工具

空间模型不同于确实的建筑，会涉及到结构安全等各类因素，展示空间模型制作更讲求大胆选择新颖合适的新材料，在完整表现出造型和空间的最佳状态的同时，带给受众耳目一新的效果。选择材料的因素很多，最主要的是出于颜色、质感、构造方式能否和空间样式相得益彰的考虑，通过多角度、多方面的综合比较和研究最终确定材料的可行性。此外，制作者也可以多尝试、多观察，打破常规思路，寻找新的适用材料。在此，主要介绍一些常规的材料供制作者参考，其材料主要分为建筑模型材料和环境模型材料两大类别。

建筑模型材料主要有软木板（图7-7），有机玻璃管（图7-8），ABS方管（图7-9），地、墙、砖纸（图7-10），ABS瓦面（图7-11），水纹玻璃（图7-12），有机玻璃（图7-13）和各类金属板（图7-14）等。每一种材料都有很多种规格，制作者可以根据自己的需要和模型的规划尺度来进行挑选。

环境模型的常用材料主要有：仿真雪（图7-15），仿真水（图7-16）、尼龙草绒、粘胶草绒（图7-17）、草皮（图7-18）、白海绵（图7-19），着色海绵（图7-20）、彩色小人（图7-21），彩色小轿车（图7-22），微缩家具（图7-23），各式栏杆（图7-24）等，与建筑模型一样，每一种材料都有很多种规格，制作者完全可以根据自己的需要和模型的规划尺度来进行挑选。

加工展示空间模型的工具种类十分繁多，制作者是否能够选择合适的工具，采取合适的加工方法直接决定了模型最后的品质和展示效果。制作者在制作过程中一定要多动脑、多试验、多规划，在细节处理上力求精细、准确。常用的电动工具有：数字三维雕刻机、泡沫切割机、迷你电动工具系列（图7-25）等；辅助工具有：游标卡尺、直尺、三角板、圆规、各式锉刀、砂纸、钩刀、剪刀、德国UHU模型胶（图7-26）、502胶水、专业模型覆宽双面胶（图7-27）、单面胶、刻刀垫板（图7-28）、丙烯颜料、喷漆等。

第七章　展示模型的设计与制作

图 7-7　软木板

图 7-8　有机玻璃管

图 7-9　ABS方管

图 7-10　木纹纸

图 7-11　ABS瓦面

图 7-12　水纹玻璃

图 7-13 有机玻璃

图 7-14 金属材料

图 7-15 仿真雪

图 7-16 仿真水

图 7-17 草绒

图 7-18 草皮

第七章　展示模型的设计与制作

图 7-19　白海绵　　　　　　　　图 7-20　着色海绵

图 7-21　彩色小人　　　　　　　图 7-22　彩色小轿车

图 7-23　微缩家具　　　　　　　图 7-24　栏杆

图 7-25 迷你电动工具　　　　图 7-26 德国 UHU 模型胶

图 7-27 覆宽双面胶　　　　图 7-28 刻刀垫板

7.2.2　展示模型的制作流程概述

展示模型不完全等同于产品模型,由于空间关系成为了模型表现的主体内容,所涉及到的空间元素、加工元素等内容十分丰富,虽然加工中特定操作方式、方法非常多,但是整个加工的步骤、流程仍然十分规范。

规范的展示空间模型的制作流程步骤包括图形的绘制、论证、制作规划的确定、底座与场地的制作、主体模型的制作等。制作者务必按照这个流程操作,可以在很大程度上保证最后展示空间模型的整体效果。

(1) 图形的绘制。与其他模型制作流程一样,展示空间模型的制作同样是建立在已进行完整的思考以后,而绘图就是表达制作者思想的最好载体。展示空间模型的图纸有概念草图、局部草图、平面图、剖面图、效果图等,制作者可以根据自己制作初衷来完成图的绘制,图纸为后期的制作提供了构想形式及关联性的机会,或记录、分析设计师的思想。检验绘图阶段的工作是否完成的唯一标准是:在整个制作阶段,制作者都能随时依据图纸有条理地制作出完整、完全、明确的展示空间模型,做到有图可依、有图可查。

(2)在正式动手制作之前,验证工作是必不可少的步骤。验证目标的合理性,帮助制作者规范制作路线,避免遗漏重要的细节操作。验证内容主要围绕以下几方面展开:①模型制作的主题。展示模型主要展现的主体是什么,哪些风格、内容能够与之相匹配;②模型制作的任务。展示模型主要描述、研究的是何种思想,传播的重点信息到底是什么,空间主体是应该单独呈现还是与周围环境共同呈现等,与之类似的与模型制作任务关系密切的诸多问题都应该得到论证;③模型属性。制作者要非常明确是要制作一个概念模型、工作模型还是实体模型(在校园展示模型课程上要求制作的模型通常介于工作模型与实体模型之间),模型是否需要多样选择的附属模型;④比例和局部。模型应该以什么样的比例制作,为了加强空间展示模型的视觉效果,应该从整体模型中对哪个局部进行再制作;⑤材质、工具、制作团队的协助能力。我们选择哪一种材质和这种材质是否符合设计风格要求,制作中需使用的材料有什么特点,能发挥何种作用,材质的肌理、色彩应如何处理才能传达特定意义,制作者是否能熟练操作各式工具、了解机械性能并达到制作要求;⑥控管。在工作开始前,检查工具、设备是否能承担加工任务,对工作条件、工作环境进行必要的评估,对制作时间、制作团队进行缜密的安排。

(3)制作规划的确定。在统筹规划中,可以大体上确定表现对象的特征、大小及重点表现的部分,然后考虑展示空间模型的"表现方法",按照表现方法即可以确定方针、比例、材料等。因为课程要求制作的模型通常为室内展示空间,比例一般为1∶50,基本可以表现得清楚,但有时候特定设计的、或者特殊需要表现的部分,可以放大比例制作局部模型。在前部分内容中已经列举了常用材料,但是由于模型课程时间的限制,选用太难加工的材料不太合适。由于模型课上制作的展示空间模型主要目的是为了培养、强化学生的空间处理能力,并不要求长时间地保持展示模型,对模型精细程度的要求也不是太高,所以制作者可以根据自己的设计创意,具体情况具体分析,尽量选择易加工、易出效果的材料,而材料的强度、承受力等因素的考虑可以略为次之。

(4)底座与场地的制作。比例确定以后,就可以制作展示模型的底座和场地,由于案例的真实场地情况十分复杂,设计师在开展工作前都需要实地对场地进行勘察,而针对学生模型课而言,通常假定为纯平场地。如果有特定的设计需要,制作者也可以根据实际情况制作起伏的地面。底座的形状和大小不单单只和模型空间的设计尺寸与模型所呈现的比例相关,也与制作者是否要将草图单独呈现或者统一化有关。底座的材料也必须要考虑,同时"什么样的空间形态以何种方式与底座连接"这类与底座有关联的问题也要在制作之前进行预估。底座本身应该相当稳固,薄铝片、反光片、亚克力等类似易破损的材料就非常需要一个稳固的底座,由于学生制作的展示空间模型面积一般不是很大,完全可以选用一些比较稳固同时容易加工的材料,如木片、细木工板、泡沫板等,再在此基础上使用不同肌理效果的贴纸,如草地、大理石地面、木地板等,选择面很广泛。如果制作者对单纯的纸质的质感不是很满意,还可以在制作中进一步完善,如可以用白乳胶蘸上一些草屑或彩色的粉末来加强草地的肌理效果;如果想得到如大理石板的光洁表面质感,也可以在贴纸上粘一层薄的有机玻璃;如是希望表现流动的水纹效果,可以绘制色彩不均匀的纹理,并在其上方贴上一些反光材料。总而言之,材料、颜色、制作方法等都是为了比较清晰完整地烘托出要强调的主体,根据具体的情况,制作者可以多尝试,但是相对关系中的尺度问题一定要注意,比如大花纹的肌理就不适合做小比例的展示空间模型。

(5)主体模型。主体模型可以用到的材料相对于场地和底座而言,因为制作的对象变丰富了,天顶、墙体、家具、各式展柜都成为了制作的对象,所以应用材料的可选择性进一步拓宽,比如同是卡纸,就可以有单层白卡、双层白卡、灰卡、色卡等多个选择。单层白卡可以用来制作草模型,双层白卡可以制作成果模型,灰卡可以表现混泥土,色卡则可以表现多种不同的饰面。材料的处理和应用固然重要,但它只是制作展示空间模型中的一个因素,模型的空间形态关系的表达也是决定展示空间模型是否能取得良好展示效果的关键,空间形态关系通常涉及到体量、片板、支柱等几个因素,这些因素通过空间设计寻找并呈现出彼此的关联性。通常制作的主体模型,首先要制作出体量、平板和支柱,将它们雕塑成形,让它们彼此配合,并处理其外观,当这些元素已经诠释明确以后,再可以通过贴画、色彩、肌理等方式与基本元素一起建构,合成空间。

在主体模型的制作中,有一些很常见的操作细节处理需要注意,一是墙面的搭建,比较好的加工方法是在搭建粘合之前,先把两面墙要粘合的边缘用切割器或界刀切成45°,这样的交接缝会更好看,而不应该直接把墙垂直粘在一起;二是弧线的处理,切圆、切弧线时,逆时针切比较好,用拇指、食指、中指夹刀,以小指做支点,切的时候刀绕小指指尖旋转,用无名指控制刀锋走向,就可以切出圆滑的弧线。

7.2.3 模型制作的具体操作

模型制作相对于效果图而言,更多地利用了触觉的力量,草图设计更多地还是在锻炼视觉对形态、色彩的准确判断能力,这种判断会对大脑的意识思维产生至关重要的作用,而模型制作中通过用手指感知材料的质地、构件的交接关系、操作的力学原则等信息传输到大脑来影响到设计的选择,这种手指与设计作品的直接接触,在某种程度上更为敏锐,更有影响力,把设计从形与色的简单层面推向更加多元立体的广阔空间。

(1)雕刻。展示空间模型制作中借助数字雕刻技术将模型的精细度向前推进了一大步,而模型本身因为有了雕刻就有了细部表现不断深化的可能。对于模型的细部处理,制作者可以考虑使用数字雕刻机制作镂空花纹、切割文字等操作,且数字雕刻机还能处理多种格式的文件信息。

(2)覆盖。覆盖通常使用的是透明或半透明的材料,如有机玻璃、磨砂玻璃纸等,或者是利用珠帘、线帘、镂空屏风等半屏蔽的构架。塑造构筑物的形体关系,形成空间的表皮和轮廓,而被覆盖包围的则是空间的内容或结构逻辑。通过这种半覆盖的设计,可以形成多重信息层层叠加的效果,空间因此变得不那么一目了然,使表皮的质感变得丰富,光和色融合得更柔和,形成更丰满的系统。

(3)置换。置换是将一个形体或形体的某一个部分从它正常或固有的位置移开并用新的元素取代它,使形体与周边的关系得到了改变,形体特征也随之发生变化,那么,新的空间视觉效果就会呈现出来。

(4)围合。围合提供的是内与外的参照、积极与消极的对比。当受到模型尺度限制时,原本单纯围合用的墙体同时也应当考虑结构功能,尤其是高度和跨度达到相当的尺度而材料强度原先并没有被充分考虑的时候,在满足体量关系的同时,可以采用全围合、半围合、多层次围合等多种方式,利用参观者的想象力营造空间关系。

(5)折叠。在立体构成课程中,教师通常会启发学生开发多种折叠方式来认识形体关系。生活中其实也充满着折叠而形成的产品,比如各种巧妙的折叠家具、折叠卡片、折叠的箱包等,而空间展示设计中,折叠同样是一种非常有意义的造型方式。因为折叠体现着设计师相当强的操作感,体现着空间关系的变化特征,使展示空间模型在制作者手指的掌控中传达出对力学、材料学、美学的综合体验感受。

(6)层叠。水平方向的层叠能很容易表达不同标高的平面变化,而垂直方向的层叠则更多地表达剖面的空间状态,所以不论是立面空间还是层面空间关系上都可以采用层叠的设计表现技法,就如医学上经常使用的CT扫描,可以体现更丰富的信息。

(7)夹层。夹层是指多种材料复合而成的模型半成品,类似三明治。用模型材料本身的质感和结构体系去表达建筑墙面,而用设计的逻辑制成模块。比如在功能应用上,在两张卡纸中间夹一张薄的泡沫板,这就得到了厚度更大、刚度更强的复合体;再如在两块有机玻璃中夹上有色的泡沫粉尘,就可以呈现出特殊的肌理效果并用于制作装饰墙,这些使用夹层技法的范例,制作者可以发挥主观能动性,多利用材料复合的性能,让诞生的复合材料产生新的加工美感。

(8)模块。有些情况下可以适当地在空间展示模型中设计和运用标准模块,模块是基本亦是抽象的单元,形状的基本元素保持统一性,色彩、大小、肌理可随设计需要而变化,模块的存在可以让整个展示空间模型呈现相当的统一性,而模块本身之间的差异又无碍于空间中丰富的视觉效果,而处理的关键在于模块应用中的控制与把握。

(9)塑造。塑造既是一种概念,也是一个过程。它模糊了固有空间与空间围合的关系,它不是一种通过受控于程序化的使用来确定空间的概念,而是一种由感知的使用变形而成的空间状态。塑造一个动态的、反复调整的结果,这个过程包括辅助建造装置、制模、铸造等各种模型制作手段。

(10)照明。照明是空间设计的衍生物,精心控制的照明可以使生硬的展示空间模型变得更生动,让观察者对空间的流动关系认识得更深刻。事实上,人们生活在充满光的世界里,通过光去考察空间、发现空间美,还能加深对材料色彩和质感的体会。但是在展示模型制作中因为制作条件的影响,对光的控制甚至弱于现实施工,因此,制作者要花更多的心思,从设计概念的最初就将"光"这种设计元素考虑进去。

7.3 案例评述

7.3.1 专题性展示设计案例(1)

专题性展示设计举办频繁,它也是当今重要的信息传播媒体。要使展示项目获得成功,制作者首先需要完成一些调研工作,一是清楚项目的背景资料;二是了解传播的目的,比如传播公司形象、介绍产品、发展代理商等;三是制定传播策略,比如以新闻发布会为核心配合媒体宣传,用现场的布景、背景设计来突出产品特点,合理有效地利用行业相关媒体资源等;四是确定目标受众,比如政府及相关主管部门领导、合作伙伴、大众及相关行业媒体等。

(1)教学目的。通过该课程让学生正确掌握展示空间的基本设计内容、比例模型的尺度与材料表现力。

（2）教学内容。让学生对展示空间的基本设计规律有所了解，对模型材料的研究与加工工艺充分认识并做到突破性地应用，在整体上把握模型的表现力和操作性。

理论授课：16学时。主要讲解专题性展示设计的一些基本要素，空间关系中包括空间与人的关系、空间的构成以及利用哪些方式可以作用于空间使人产生预想的视觉感受；色彩对空间设计的影响，光环境对展示设计的影响，及设计策划的程序。

课堂实践：24学时。

此阶段主要包括两个部分：一是展示空间平面图的绘制，参考统一比例，绘制出展示空间的布局和其中各个部分的六视图，力求在后续的模型制作中做到胸有成竹；二是通过模型制作了解空间操作的基本方法以及材料的性能和加工方法。

（3）企业形象展示设计任务书。

①环境：室内环境；

②目标：展示模型制作；

③限定：不超过3m×3m×6m的立方体空间；

④成果模型：成果模型30cm×30cm×60cm；

⑤时间计划：前8个学时完成所有图件的绘制，后16个学时完成模型的制作。

（4）模型教学。展馆设计是展示设计中的一个专业方向，因为它具有很高的商业价值而应用十分广泛。在以往的教学中，学生总是习惯用草图和效果图来表达设计构思，不可否认，这种方式对形成构思理念非常有帮助，但图纸不等同于实际应用，在实际空间的搭建中，容易出现结构和材料应用的错误，而展示模型的制作就是为了在图纸与实际项目之间搭建起衔接的桥梁，帮助学生建立起对空间的材料品质和尺度的深刻印象。

（5）发展商SACRESA企业形象展示馆制作。制作步骤如图7-29至图7-33所示。

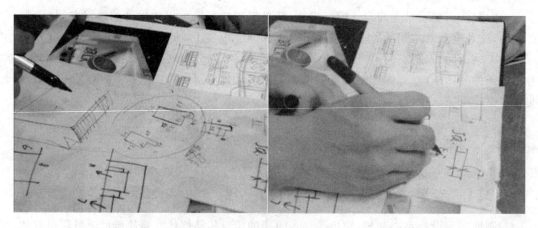

图7-29　绘制工程图纸

第七章　展示模型的设计与制作

图7-30　计算耗材

图7-31　搭构形体

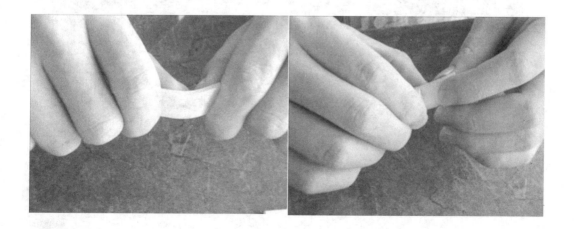

图 7-32 制作形体

第七章 展示模型的设计与制作

图 7-33 喷绘和修饰

(6) 发展商 SACRESA 企业形象展示。形象展示如图 7-34 所示。

第七章 展示模型的设计与制作

图 7-34　制作效果展示

7.3.2　专题性展示设计案例(2)

专题性展示设计步骤如图 7-35 至图 7-45 所示。

图 7-35　绘制图纸

第七章 展示模型的设计与制作

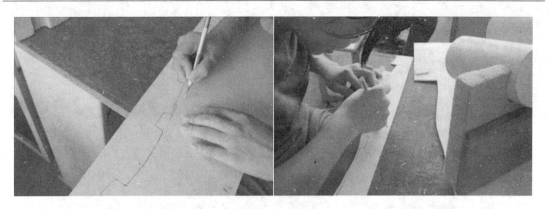

图 7-36 备料

图 7-37 制作内部支撑

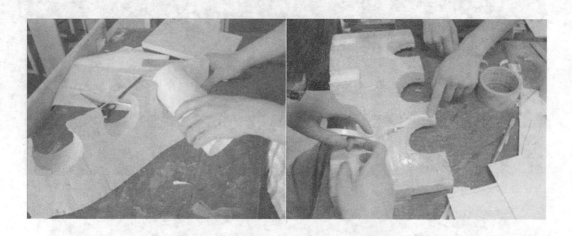

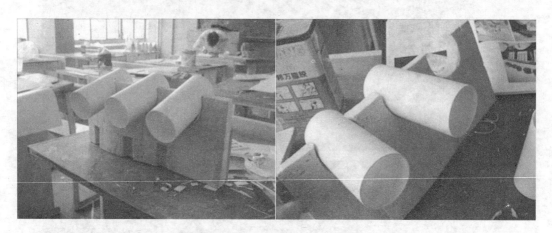

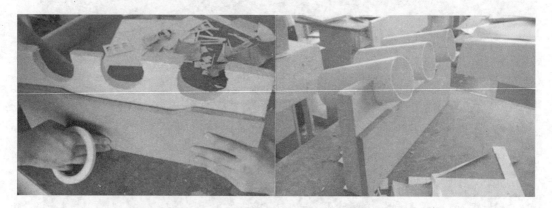

图 7-38　固定支撑部件

第七章 展示模型的设计与制作 · 155 ·

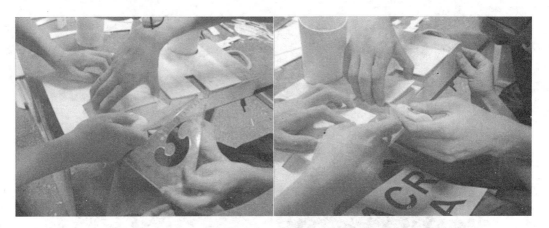

图 7-39 修饰支撑部件

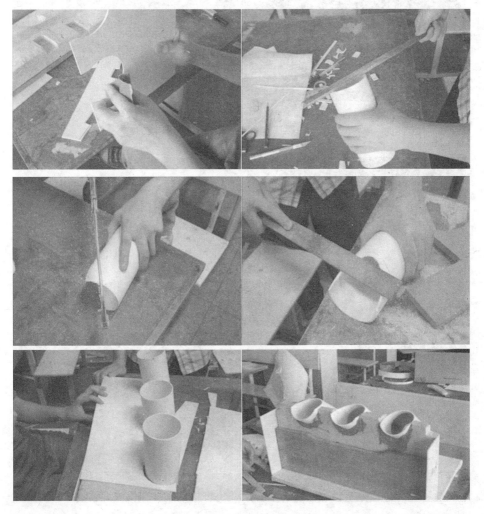

图 7-40 将大灯置于支撑部件上

图 7-41 制作展柜

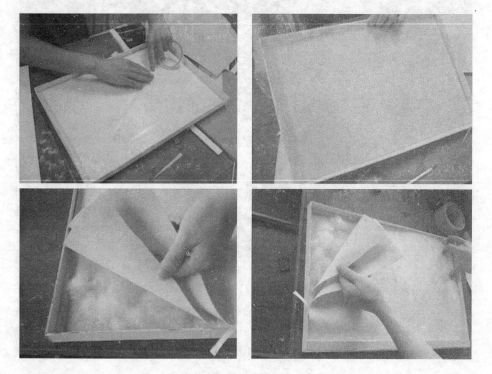

图 7-42 制作展区顶部

第七章 展示模型的设计与制作

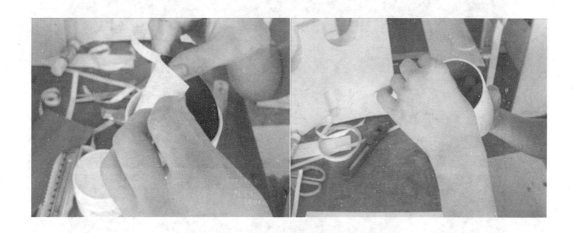

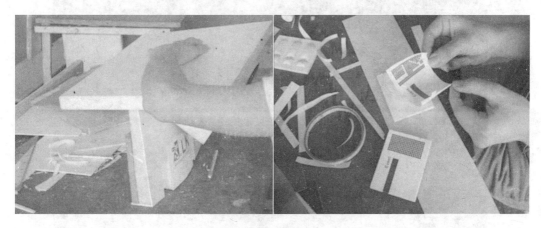

图 7-43 贴纸修饰

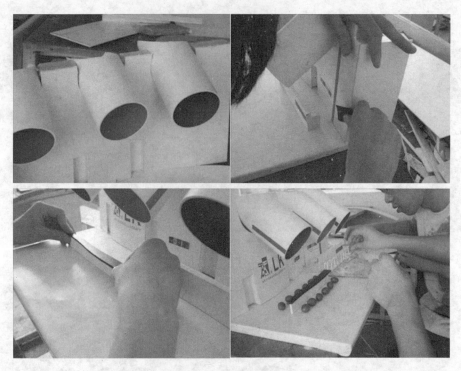

图 7-44 细节修饰

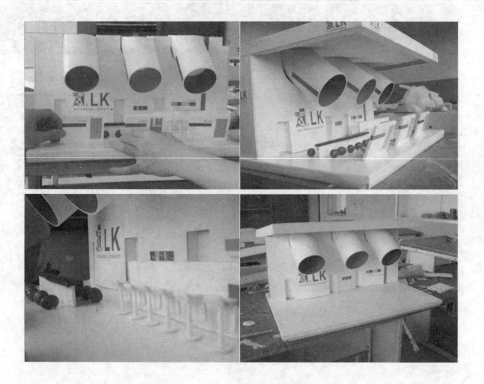

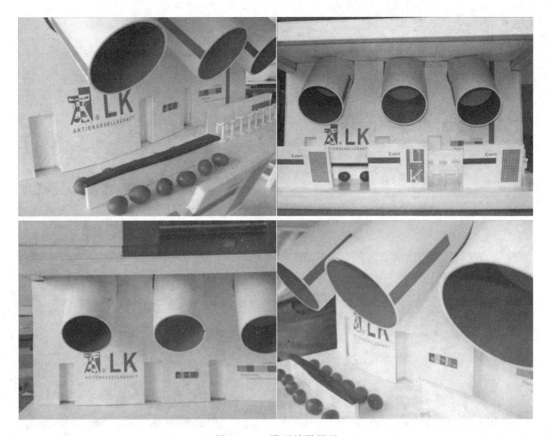

图 7-45 模型效果展示

7.4 优秀模型展示

企业所属行业类型的不同决定了其展馆设计的差异,比如奥迪品牌展馆的设计制作上就着力于体现该品牌的高雅、动感与科技感,这与奥迪"突破科技,启迪未来"的品牌核心理念是吻合的(图 7-46);再如 2008 北京奥运形象展馆的设计制作上,利用大量的中国元素、运动元素配合奥运标识、奥运吉祥物来突出 2008 年奥运的中国特色(图 7-47);而 OMEGA 公司形象展馆的设计制作上,设计师采用金色作为主打色调,追求整个展馆设计的高雅与精美,突出设计感,以迎合该品牌"精准计时、精巧设计、优质材质及一流工艺的完美统一"的品牌理念(图 7-48)。

展示模型（1）

展示模型（2）

展示模型（3）

展示模型（4）

展示模型（5）

展示模型（6）

图 7-46　奥迪品牌车展

第七章 展示模型的设计与制作

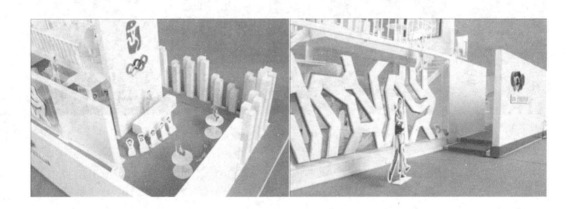

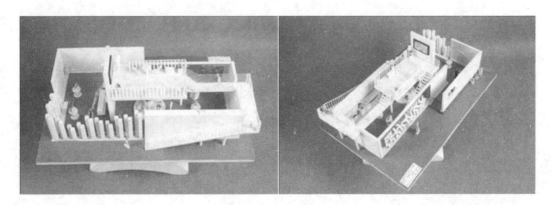

图 7-47 2008 北京奥运形象展馆

图 7-48　OMEGA 公司形象展馆

参考文献

桂元龙,徐向荣. 工业设计材料与加工工艺[M]. 北京:北京理工大学出版社,2007.
姬瑞海. 产品造型材料与工艺[M]. 北京:清华大学出版社,2010.
江湘芸. 产品模型制作[M]. 北京:北京理工大学出版社,2005.
米尔斯. 建筑模型设计[M]. 尹春生,译. 北京:机械工业出版社,2004.
谢大康. 产品模型制作[M]. 北京:化学工业出版社,2003.
严绍华. 材料成型工艺基础[M]. 北京:清华大学出版社,2008.
叶彬. 2010公共空间模型[M]. 福州:福建科技出版社,2010.
郁有西. 建筑模型设计[M]. 北京:中国轻工业出版社,2007.
张大伟. 商业展柜展台设计模型资料集[M]. 北京:中国电力出版社,2010.
张文兵. 陶瓷模型制作[M]. 北京:北京工艺美术出版社,2005.
周立辉. 立体设计表达:汽车油泥模型设计制作——清华大学汽车工程系列教程[M]. 北京:清华大学出版社,2006.